AF462428

POMOLOGIE GÉNÉRALE

PAR M. MAS

SUITE DE LA PUBLICATION PÉRIODIQUE

LE VERGER

DEUXIÈME VOLUME

BOURG
CHEZ L'AUTEUR
Rue Lalande, 20

PARIS
LIBRAIRIE DE G. MASSON
Place de l'Ecole-de-Médecine

1873

POMOLOGIE GÉNÉRALE

PRUNES

TOME DEUXIÈME

POMOLOGIE GÉNÉRALE

PAR M. MAS

SUITE DE LA PUBLICATION PÉRIODIQUE

LE VERGER

DEUXIÈME VOLUME

BOURG
CHEZ L'AUTEUR
Rue Lalande, 20

PARIS
LIBRAIRIE DE G. MASSON
Place de l'Ecole-de-Médecine

1873

Lons-le-Saunier. — Imp. Gauthier frères.

POMOLOGIE GÉNÉRALE

DAMAS DE SEPTEMBRE

(N° 1)

PRUNE DE VACANCE. *Traité des arbres fruitiers.* DUHAMEL.
Traité complet sur les pépinières. CALVEL.
The fruit Manual. ROBERT HOGG.
SEPTEMBER DAMASK. *The Fruits and the fruit-trees of America.* DOWNING.

OBSERVATIONS. — Ancienne variété, probablement d'origine française. — L'arbre, de vigueur moyenne, d'une végétation régulière, peut s'accommoder des formes soumises à la taille. Sa haute tige forme une tête élevée, de moyenne dimension, à branches érigées et un peu compacte. Sa fertilité est précoce, grande et soutenue. Il est rustique et son fruit est de bonne qualité.

DESCRIPTION.

Rameaux de moyenne force, un peu anguleux dans leur contour, bien droits, à entre-nœuds de moyenne longueur, d'un jaune assez brillant du côté de l'ombre, plus intense et en partie voilé par une pellicule d'un gris blanchâtre du côté du soleil, couverts sur toute leur longueur d'un duvet très-court et hérissé.

Boutons à bois petits, coniques, maigres, finement aigus, parallèles ou presque parallèles au rameau, soutenus sur des supports peu saillants dont les côtés et l'arête médiane se prolongent assez distinctement ; écailles d'un marron noirâtre.

Pousses d'été d'un vert pâle, lavées de rouge rosat du côté du soleil et finement duveteuses sur toute leur longueur.

Feuilles des pousses d'été moyennes, ovales-élargies ou un peu arrondies, obtuses à leur extrémité, à peine repliées sur leur nervure médiane sur laquelle elles sont souvent contournées, bordées de dents assez larges, assez profondes et arrondies, bien soutenues sur des pétioles très-courts, un peu forts, colorés de rouge et munis de deux glandes d'un jaune verdâtre.

Stipules en alênes assez courtes, et une fois lobées à leur base.

Boutons à fruit petits, conico-ovoïdes, finement aigus, parallèles ou presque parallèles au rameau, soutenus sur des supports peu saillants dont les côtés et l'arête médiane se prolongent assez distinctement ; écailles d'un marron noirâtre.

Fleurs petites; pétales presque elliptiques, cependant un peu plus élargis vers leur sommet, à peine concaves, légèrement lavés de jaune ; divisions du calice courtes, ovales et presque aiguës; pédicelles très-courts et très-grêles.

Feuilles des productions fruitières petites, elliptiques ou obovales-elliptiques, obtuses à leur extrémité, un peu concaves, bordées de dents peu profondes et émoussées, bien soutenues sur des pétioles très-courts, peu forts et roides.

Caractère saillant de l'arbre : teinte générale du feuillage d'un vert peu foncé et mat ; les plus jeunes feuilles un peu brillantes; pousses d'été colorées d'un joli rouge rosat.

Fruit assez petit, tantôt presque sphérique, tantôt sphérico-ellipsoïde, se terminant en demi-sphère un peu tronquée du côté de la queue, à peine un peu plus atténué et très-largement obtus du côté du point pistillaire, bien concave par ses joues, largement convexe par ses faces dont l'une est traversée par un sillon étroit, peu profond et parfois à peine creusé.

Peau fine, mince, d'abord d'un pourpre foncé, puis passant à la maturité, fin de septembre, au pourpre noir, recouvert d'une fleur bleue et dense. Point pistillaire blanchâtre, un peu saillant à l'extrémité du sillon.

Queue courte, peu forte, attachée dans une cavité très-étroite et un peu profonde.

Chair verdâtre, fine, assez fondante, abondante en jus sucré et agréablement parfumé.

Noyau proportionné au volume du fruit, ovoïde, court et élargi, un peu obliquement tronqué et échancré à son point d'attache à la queue, se terminant brusquement à son autre extrémité en une pointe courte et bien finement aiguë, à joues régulièrement bombées, courtement plissées en forme de collerette vers le point d'attache, chagrinées et se détachant bien de la chair ; suture ventrale largement et très-peu profondément sillonnée et presque unie par ses bords ; arête dorsale bien épaisse, saillante et tranchante vers le point d'attache, aplanie sur le reste de son étendue ; rainures latérales largement et peu profondément creusées.

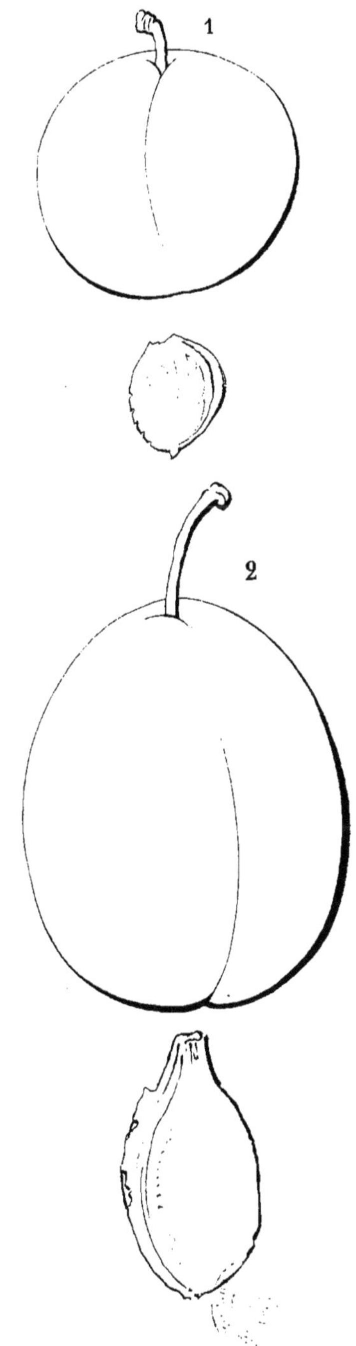

1 DAMAS DE SEPTEMBRE. 2 BRADSHAW.

Imp. Gauthier frères, à Lons-le-S

Peingeon Del.t

BRADSHAW

(N° 2)

The Fruits and the fruit-trees of America. DOWNING.
The american fruit Culturist. THOMAS.

OBSERVATIONS. — Cette variété, à laquelle Downing donne les synonymes Black Impérial, Blue Impérial, est probablement d'origine américaine. — L'arbre, de vigueur moyenne, ne s'accommode pas des formes régulières. Il forme une tête élevée dont les branches d'abord érigées retombent ensuite par leur extrémité. Sa fertilité seulement moyenne est interrompue par des alternats complets. Son fruit, d'assez bonne qualité, se recommande aussi par sa beauté.

DESCRIPTION.

Rameaux peu forts, très-finement anguleux dans leur contour, un peu flexueux, à entre-nœuds très-courts, d'un vert décidé du côté de l'ombre, rougeâtres et en partie voilés d'une pellicule d'apparence métallique du côté du soleil, glabres sur toute leur longueur.

Boutons à bois petits, coniques, très-courts, un peu épais et très-courtement aigus, à direction un peu écartée du rameau, soutenus sur des supports bien saillants dont l'arête médiane se prolonge très-finement ; écailles d'un marron peu foncé.

Pousses d'été d'un vert intense, colorées de rouge brun du côté du soleil et glabres sur toute leur longueur.

Feuilles des pousses d'été moyennes ou assez grandes, elliptiques-arrondies, se terminant un peu brusquement en une pointe peu longue et aiguë, presque planes ou à peine convexes, souvent un peu ondulées dans leur contour, bordées de dents larges, profondes et bien obtuses, soutenues horizontalement sur des pétioles un peu longs, forts, redressés, munis de deux glandes globuleuses jaunes, pédicellées.

Stipules de moyenne longueur, fines, finement et souvent deux fois lobées à leur base.

Boutons à fruit très-petits, coniques, finement aigus, réunis peu nombreux sur des dards courts et un peu forts ; écailles d'un marron peu foncé.

Fleurs moyennes; pétales obovales-elliptiques, bien lavés de jaune à leur sommet, peu concaves; divisions du calice de moyenne longueur et exactement ovales ; pédicelles courts et peu forts.

Feuilles des productions fruitières assez petites, obovales-elliptiques, un peu allongées, un peu obtuses à leur extrémité, convexes et ondulées dans leur contour, bordées de dents fines, peu profondes, bien courbées et aiguës, soutenues horizontalement sur des pétioles un peu longs, grêles et roides.

Caractère saillant de l'arbre : teinte générale du feuillage d'un vert vif et luisant; toutes les feuilles le plus souvent plus ou moins ondulées dans leur contour et dirigées ordinairement bien horizontalement.

Fruit gros, obovoïde, bien atténué et parfois par une courbe un peu concave du côté de la queue, largement obtus à son autre extrémité, peu convexe par ses joues, à peine comprimé par une de ses faces partagée en deux parties un peu inégales par un sillon bien large et assez peu profond, largement convexe par la face opposée.

Peau fine, mince, d'abord d'un pourpre clair, puis passant à la maturité, milieu d'août, au pourpre plus foncé, cependant encore assez vif et recouvert d'une fleur bleue et fine. Point pistillaire jaunâtre, très-petit, très-peu visible, à peine creusé à l'extrémité du sillon.

Queue de moyenne longueur, peu forte, un peu courbée, d'un vert clair, attachée dans une cavité très-étroite et peu profonde.

Chair jaunâtre, assez fine, bien fondante, ruisselante en eau sucrée, acidulée, relevée d'un parfum difficile à qualifier.

Noyau gros pour le volume du fruit, obovoïde-allongé, sensiblement et longuement atténué vers son point d'attache à la queue, largement arrondi et se terminant très-brusquement à son autre extrémité en une très-petite pointe, peu visible, à joues peu bombées, finement et plusieurs fois plissées vers les rainures latérales, bien raboteuses et adhérant à la chair; suture ventrale largement et assez peu profondément sillonnée, largement et profondément crénelée par ses bords ; arête dorsale épaisse, saillante, tranchante vers le point d'attache, accompagnée de rainures latérales peu appréciables.

QUETSCHE PRÉCOCE DE SCHAMAL

(SCHAMALS FRUHZWETSCHE)

(N° 3)

Systematische Anleitung zur Kenntniss der Pflaumen. Liegel.
Catalogue Jahn. 1864.

Observations. — Cette variété est un gain du pépiniériste et pomologiste renommé, M. Schamal, de Jungbunzlau, en Bohême. — L'arbre est d'une végétation assez faible et ne s'accommode pas des formes régulières ; car ses boutons à bois s'annulent facilement et l'on ne peut compter sur eux pour l'établissement d'une charpente projetée. Sa haute tige forme une tête de petite dimension, à branches fastigiées et disposées en buisson. Son fruit, dont la chair est relevée d'un véritable parfum de musc, est réellement distingué dans sa classe.

DESCRIPTION.

Rameaux grêles, finement anguleux dans leur contour, à peine flexueux, à entre-nœuds de moyenne longueur, verdâtres du côté de l'ombre, lavés de rouge sanguin du côté du soleil et glabres sur toute leur longueur.

Boutons à bois très-petits, coniques, bien aigus, presque parallèles au rameau, soutenus sur des supports peu saillants dont les côtés et l'arête médiane se prolongent finement ; écailles d'un marron peu foncé.

Pousses d'été d'un vert très-clair, à peine lavées de rouge brun du côté du soleil et glabres sur toute leur longueur.

Feuilles des pousses d'été petites, régulièrement ovales, se terminant peu brusquement en une pointe longue et large, presque planes et souvent largement ondulées dans leur contour, bordées de dents un peu larges, un peu profondes, surdentées et obtuses, bien soutenues sur des pétioles courts, grêles, peu redressés ou presque horizontaux et glabres. Deux très-petites glandes globuleuses vertes sont ordinairement attachées à la base du limbe.

Stipules très-caduques.

Boutons à fruit très-petits, coniques, bien aigus, réunis sur des dards un peu longs et très-grêles ; écailles d'un marron peu foncé.

Fleurs presque moyennes ; pétales ovales-elliptiques et allongés, concaves, écartés entre eux, à peine teintés de jaune à leur sommet ; divisions du calice de moyenne longueur, étroites, aiguës ou presque aiguës à leur extrémité ; pédicelles assez courts, grêles et glabres.

Feuilles des productions fruitières très-petites, ovales, très-brusquement et très-courtement atténuées vers le pétiole, un peu obtuses ou presque aiguës à leur extrémité, à peine repliées sur leur nervure médiane et un peu arquées, bordées de dents un peu profondes, courtes et un peu aiguës, soutenues sur des pétioles très-courts et très-grêles.

Caractère saillant de l'arbre : teinte générale du feuillage d'un vert pré peu foncé et mat; toutes les feuilles plus ou moins petites ; tous les pétioles remarquablement grêles.

Fruit assez petit, obovo-ellipsoïde, un peu plus atténué et obtus du côté de la queue, moins atténué, plus largement obtus et même tronqué du côté du point pistillaire, peu convexe par ses joues, largement convexe-aplati par ses faces dont l'une est traversée par un sillon étroit et peu creusé.

Peau un peu ferme, d'abord d'un pourpre clair, puis passant à la maturité, milieu d'août, au pourpre plus intense, recouvert d'une fleur bleue, bien fine et assez dense. Point pistillaire rougeâtre, un peu saillant à l'extrémité du sillon.

Queue longue, bien grêle, attachée à fleur du fruit.

Chair jaunâtre, ferme, suffisante en jus très-richement sucré, vineux et bien parfumé.

Noyau petit pour le volume du fruit, ovoïde, maigre et allongé, à peine et obliquement tronqué à son point d'attache à la queue, se terminant régulièrement à son autre extrémité en une pointe bien aiguë, à joues peu bombées, très-finement chagrinées et se détachant de la chair ; suture ventrale imperceptiblement sillonnée et unie par ses bords ; arête dorsale peu épaisse, un peu saillante, un peu tranchante seulement vers le point d'attache, aplanie sur le reste de son étendue ; rainures latérales extraordinairement fines et peu profondes.

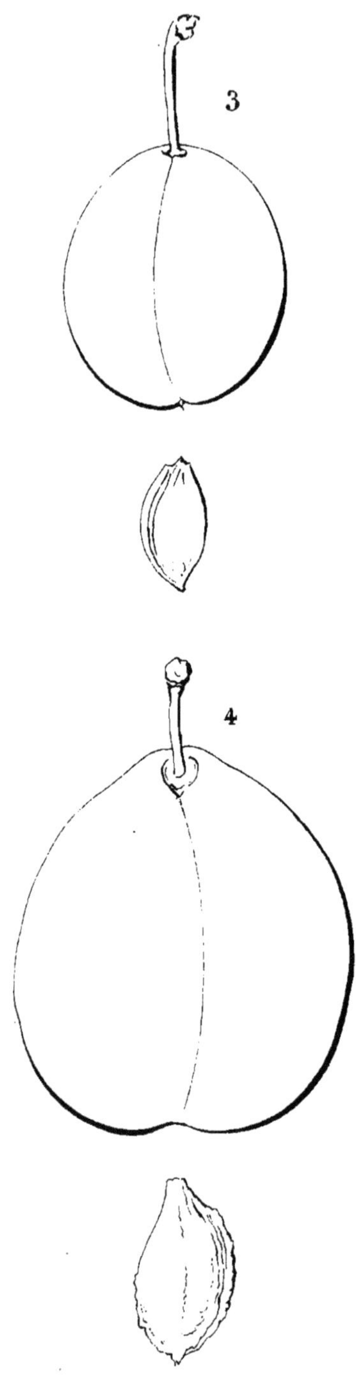

3 QUETSCHE PRÉCOCE DE SCHAMAL. 4 PRUNE D'AUTOMNE DE SCHAMAL.

Peingeon Delt

Imp. Gauthier frères, à Lons-le-Saunier. J

PRUNE D'AUTOMNE DE SCHAMAL

(SCHAMALS HERBSTPFLAUME)

(N° 4)

Belgique horticole. Tome 10.
Annales de pomologie belge et étrangère. A. ROYER.
Illustrirtes Handbuch der Obstkunde. OBERDIECK.

OBSERVATIONS. — Cette variété fut obtenue par M. Schamal, le pépiniériste renommé de Jungbunzlau (Bohême). — L'arbre, de vigueur moyenne, est propre aux formes soumises à la taille et surtout à celle de vase. Sa haute tige forme une tête de moyenne dimension et bien élargie. Son rapport, peu précoce, devient bon par la suite. Son fruit, qui n'atteint que la seconde qualité, se recommande par sa grande beauté.

DESCRIPTION.

Rameaux de moyenne force, unis dans leur contour, droits, à entre-nœuds courts, d'un brun rougeâtre à l'ombre, d'un brun violet intense et un peu voilé d'une pellicule d'apparence métallique du côté du soleil, glabres sur toute leur longueur.

Boutons à bois petits, coniques, courts, un peu aigus, appliqués ou presque appliqués au rameau, soutenus sur des supports peu saillants dont les côtés et l'arête médiane ne se prolongent pas; écailles d'un marron terne.

Pousses d'été d'un vert pâle, lavées de rouge sanguin sombre du côté du soleil et glabres sur toute leur longueur.

Feuilles des pousses d'été petites, ovales-arrondies, se terminant un peu brusquement en une pointe courte et large, peu repliées sur leur nervure médiane et peu arquées, bordées de dents fines, peu profondes, surdentées et obtuses, soutenues à peu près horizontalement sur des pétioles un peu longs, grêles, presque horizontaux, glabres et munis de deux glandes globuleuses jaunes.

Stipules très-courtes et très-fines, une fois et très-finement lobées à leur base.

Boutons à fruit très-petits, conico-ovoïdes, peu aigus, réunis peu nombreux sur des dards courts et grêles; écailles d'un marron rougeâtre peu foncé.

Fleurs grandes et quelquefois semi-doubles ; pétales arrondis, peu concaves, un peu échancrés à leur sommet ; divisions du calice de moyenne longueur, réfléchies en dessous et obtuses à leur extrémité; pédicelles de moyenne longueur et grêles.

Feuilles des productions fruitières petites, obovales un peu élargies, courtement et très-sensiblement atténuées vers le pétiole, obtuses à leur extrémité, planes ou même un peu convexes, bordées de dents assez fines, un peu profondes, un peu couchées et peu aiguës, soutenues sur des pétioles courts et extraordinairement grêles.

Caractère saillant de l'arbre : teinte générale du feuillage d'un vert pré tendre; toutes les feuilles petites; tous les pétioles grêles ou extraordinairement grêles.

Fruit gros ou assez gros, obcordiforme, un peu allongé, très-sensiblement atténué et se terminant en une sorte de mamelon du côté de la queue, obtus et largement échancré du côté du point pistillaire, largement convexe par ses joues, très-largement convexe un peu comprimé par une de ses faces et un peu plus convexe par la face opposée traversée par un sillon large et profond.

Peau un peu ferme, d'abord d'un pourpre rose et clair, puis passant à la maturité, fin de septembre, au pourpre un peu plus intense et plus vif, voilé d'une fleur d'un violet rosat qui donne au fruit le plus joli aspect. Point pistillaire large, grisâtre, attaché dans un creux assez prononcé et ouvert du côté du sillon.

Queue assez courte, grêle, attachée dans un petit creux formé par la pointe du fruit.

Chair jaunâtre, demi-fine, un peu ferme, suffisante en jus sucré et relevé d'un parfum peu distingué.

Noyau proportionné au volume du fruit, obovoïde-allongé et bien épais, bien atténué et presque aigu à son point d'attache à la queue, bien obtus à son autre extrémité surmontée d'une petite pointe peu aiguë, à joues bien bombées, traversées sur leur hauteur par un pli un peu saillant, bien finement chagrinées et adhérant à la chair ; suture ventrale largement et peu profondément sillonnée sur la moitié de sa longueur, fermée sur l'autre moitié ; arête dorsale très-épaisse, peu saillante, un peu tranchante sur toute sa longueur et un peu fouillée latéralement ; rainures latérales fines et creusées seulement sur la moitié de la hauteur du noyau.

PRUNE D'AUTOMNE

(HERBSTPFLAUME)

(N° 5)

Systematische Anleitung zur Kenntniss der Pflaumen. LIEGEL.
Illustrirtes Handbuch der Obstkunde. OBERDIECK.

OBSERVATIONS. — Cette variété est un gain du docteur Dorell, de Kuttenberg, Bohême. — L'arbre, d'une végétation capricieuse, est tout-à-fait impropre aux formes régulières. Sa haute tige forme une tête de petite dimension, à branches divergentes et espacées. Son rapport se fait attendre quelque temps et devient ensuite seulement moyen. Son fruit, de bonne qualité, est aussi recommandable par sa maturité très-tardive.

DESCRIPTION.

Rameaux peu forts, un peu anguleux dans leur contour, à peine flexueux, à entre-nœuds de moyenne longueur et inégaux entre eux, verdâtres du côté de l'ombre, d'un brun rougeâtre intense du côté du soleil ; lenticelles jaunâtres, très-rares et très-peu apparentes.

Boutons à bois très-petits, coniques, courts, peu aigus, à direction très-peu écartée du rameau, soutenus sur des supports un peu saillants dont l'arête médiane se prolonge assez distinctement ; écailles d'un marron clair.

Pousses d'été d'un vert terne, colorées de rouge sanguin du côté du soleil et glabres sur toute leur longueur.

Feuilles des pousses d'été petites ou assez petites, ovales un peu élargies ou ovales-elliptiques, se terminant en une pointe peu aiguë ou même obtuse à son extrémité, largement repliées sur leur nervure médiane et à peine arquées, largement et peu profondément crénelées, bien soutenues sur des pétioles très-courts, un peu forts, peu redressés et glabres. Deux glandes vertes sont ordinairement attachées à la base du limbe.

Stipules courtes, lancéolées-étroites, le plus souvent une seule fois lobées à leur base.

Boutons à fruit très-petits, coniques, peu aigus, réunis peu nombreux sur des dards plus ou moins courts et peu forts; écailles d'un marron clair.

Fleurs moyennes ou assez petites; pétales elliptiques-arrondis, un peu concaves, un peu écartés entre eux; divisions du calice de moyenne longueur, bien atténuées, aiguës ou presque aiguës à leur extrémité; pédicelles de moyenne longueur, de moyenne force et glabres.

Feuilles des productions fruitières petites, presque exactement elliptiques, bien obtuses à leur extrémité, à peine concaves ou presque planes, bordées de dents larges, profondes, recourbées et peu aiguës, soutenues sur des pétioles un peu longs et forts.

Caractère saillant de l'arbre : teinte générale du feuillage d'un vert bleu peu intense et mat; la plupart des feuilles tendant à la forme elliptique, obtuses ou à peine acuminées; toutes les feuilles largement crénelées ou dentées d'une manière remarquable.

Fruit petit ou assez petit, sphérique, extraordinairement et également déprimé à ses deux pôles, très-convexe par ses joues, convexe à peine comprimé par ses faces dont l'une est traversée par un sillon très-peu prononcé, souvent presque effacé.

Peau un peu ferme et cependant mince, d'abord d'un pourpre intense, puis passant à la maturité, fin de septembre et commencement d'octobre, au pourpre noir recouvert d'une fleur d'un bleu azuré et assez dense. Point pistillaire large, rougeâtre, attaché à fleur de la base du fruit à peine un peu déprimée à son centre.

Queue longue, très-grêle, attachée dans une cavité très-étroite et très-peu profonde.

Chair verdâtre, fine, tassée, ferme, suffisante en jus sucré et agréablement parfumé.

Noyau proportionné au volume du fruit, irrégulièrement ellipsoïde et bien élargi, largement et un peu obliquement tronqué à son point d'attache à la queue, arrondi à son autre extrémité surmontée d'une très-petite pointe déjetée de côté, à joues un peu bombées, à peine plissées vers le point d'attache, chagrinées et se détachant de la chair; suture ventrale imparfaitement sillonnée et unie par ses bords; arête dorsale peu épaisse, saillante du côté du point d'attache, finement tranchante sur toute sa longueur; rainures latérales extraordinairement fines.

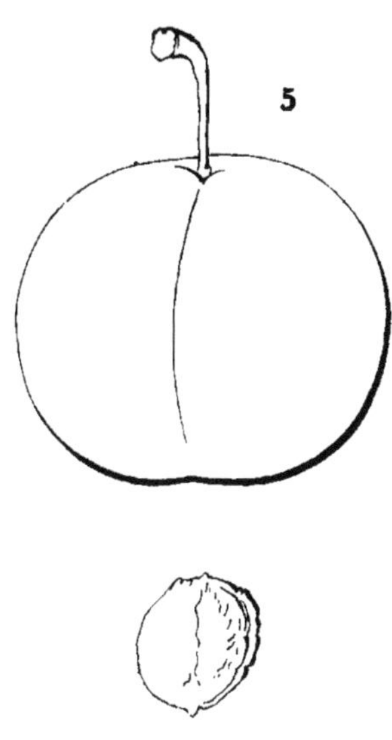

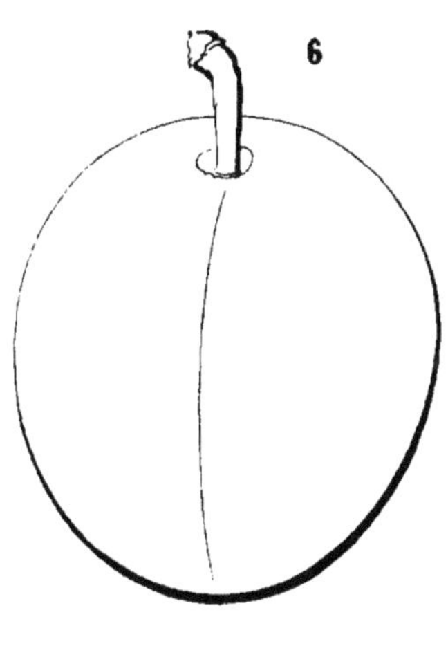

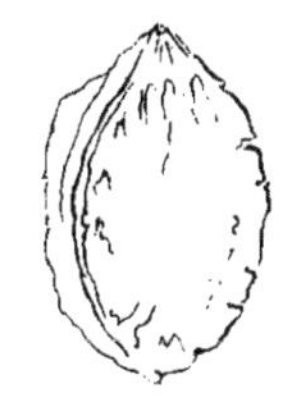

5 PRUNE D'AUTOMNE. 6 TAY BANK.

Peingeon del^t

Imp. Gauthier frères, à Lons-l.

TAY BANK

(N° 6)

The fruit Manual. ROBERT HOGG.
GUTHRIE'S TAY BANK. *The Fruits and the fruit-trees of America.* DOWNING.

OBSERVATIONS. — D'après son nom, cette variété aurait été obtenue par M. Guthrie, probablement sur les bords de la Tay, rivière d'Ecosse, prenant sa source dans les monts Grampians et se jettant dans la mer du Nord. — L'arbre, d'une bonne vigueur et dont les branches d'abord érigées se recourbent ensuite par leurs divisions, forme une tête élevée et d'une grande étendue. Il convient peu aux formes soumises à la taille. Sa fertilité est seulement moyenne et son fruit de première qualité.

DESCRIPTION.

Rameaux de moyenne force, unis dans leur contour, un peu flexueux, à entre-nœuds de moyenne longueur, jaunâtres du côté de l'ombre, d'un brun rougeâtre voilé d'une pellicule plombée et épaisse du côté du soleil.

Boutons à bois moyens, coniques, allongés, aigus, à direction écartée du rameau, soutenus sur des supports bien saillants dont l'arête médiane ne se prolonge pas d'une manière appréciable ; écailles d'un marron clair.

Pousses d'été d'un vert d'eau, lavées de rouge violet du côté du soleil et glabres sur toute leur longueur.

Feuilles des pousses d'été moyennes ou assez grandes, obovales-élargies, se terminant un peu brusquement en une pointe un peu longue et large, peu repliées sur leur nervure médiane et souvent même un peu convexes par leurs côtés, bordées de dents profondes, surdentées, un peu recourbées, obtuses ou peu aiguës, s'abaissant un peu sur des pétioles longs, forts, à peine duveteux, horizontaux et munis de deux grosses glandes globuleuses vertes.

Stipules très-caduques.

Boutons à fruit moyens, conico-ovoïdes, allongés et aigus, réunis sur des dards un peu longs et grêles : écailles d'un marron clair.

Fleurs moyennes ; pétales elliptiques-arrondis, peu concaves, parfois à peine échancrés à leur sommet; divisions du calice un peu longues, ovales et un peu aiguës ; pédicelles de moyenne longueur et de moyenne force.

Feuilles des productions fruitières au moins moyennes, obovales-elliptiques, sensiblement atténuées vers le pétiole, obtuses à leur extrémité, à peine concaves, bordées de dents profondes, un peu couchées et bien aiguës, soutenues sur des pétioles longs et de moyenne force.

Caractère saillant de l'arbre : teinte générale du feuillage d'un vert d'eau intense ; pétioles des feuilles des pousses d'été remarquablement longs et forts ; toutes les feuilles plus ou moins amples.

Fruit gros, ovo-ellipsoïde, épais, peu atténué et assez largement tronqué du côté de la queue, un peu plus atténué et largement obtus du côté du point pistillaire, largement convexe par ses joues et également convexe par ses faces dont l'une est traversée par un sillon le plus souvent seulement indiqué.

Peau fine, bien mince, transparente, d'abord d'un vert pâle, puis passant à la maturité, commencement de septembre, au jaune clair, souvent pointillé de pourpre du côté du soleil. Une fleur blanchâtre, peu dense, recouvre sa surface. Point pistillaire attaché à fleur du fruit, à l'extrémité du sillon.

Queue de moyenne longueur ou assez courte, de couleur de cuir, attachée dans une cavité peu profonde et un peu large.

Chair d'un jaune clair, fine, tendre, fondante, abondante en jus richement sucré et parfumé.

Noyau proportionné au volume du fruit, obovoïde, bien régulièrement atténué et presque aigu à son point d'attache à la queue, largement obtus à son autre extrémité, à joues peu bombées, finement et plusieurs fois plissées vers le point d'attache, finement chagrinées et un peu adhérentes à la chair ; suture ventrale largement et profondément sillonnée, presque unie par ses bords; arête dorsale peu épaisse, saillante et tranchante sur toute son étendue; rainures latérales étroites et bien creusées.

AZURE HATIVE

(N° 7)

Pomologie française. POITEAU.
BLUE GAGE : *A Guide to the orchard.* LINDLEY.
The Fruits and the fruit-trees of America. DOWNING.
The american fruit Culturist. THOMAS.
EARLY BLUE. *The fruit Manual.* ROBERT HOGG.

OBSERVATIONS. — Cette variété est d'origine française et Downing lui attribue les synonymes Black Perdrigon, Little blue gage, Cooper's blue gage. Il faut remarquer que celui de Black Perdrigon (Perdrigon noir) a été aussi donné au Perdrigon de Normandie qui est une variété différente. — L'arbre, assez peu vigoureux, forme une tête de peu d'étendue, peu compacte, à branches un peu pendantes, et s'accommode peu des formes soumises à la taille. Sa fertilité est bonne et son fruit est de première qualité.

DESCRIPTION.

Rameaux peu forts, un peu anguleux dans leur contour, presque droits, à entre-nœuds courts, verdâtres du côté de l'ombre et lavés d'un rouge sanguin terne du côté du soleil, couverts sur toute leur longueur d'un duvet gris sale, court et un peu épais.

Boutons à bois petits, coniques, émoussés, à direction très-peu écartée du rameau, soutenus sur des supports un peu saillants dont l'arête médiane se prolonge un peu distinctement ; écailles d'un marron peu foncé et terne.

Pousses d'été d'un vert d'eau marbré de rouge sanguin du côté du soleil, couvertes sur toute leur longueur d'un duvet court.

Feuilles des pousses d'été petites, ovales-allargies ou ovales-arrondies, se terminant régulièrement en une pointe très-courte ou nulle, concaves, finement et peu profondément crénelées, bien soutenues sur des pétioles courts, assez grêles, un peu redressés, peu duveteux et munis de deux glandes globuleuses vertes.

Stipules très-courtes, très-fines, très-finement lobées à leur base et bien caduques.

Boutons à fruit petits, coniques, très-courts, un peu émoussés, réunis assez nombreux sur des dards très-courts et un peu forts ; écailles d'un marron peu foncé et terne.

Fleurs très-petites ; pétales elliptiques, concaves, un peu lavés de jaune ; divisions du calice courtes et étroites, bien atténuées et presque aiguës à leur extrémité ; pédicelles très-courts et peu forts.

Feuilles des productions fruitières petites, obovales bien élargies, très-brusquement et très-courtement atténuées vers le pétiole, obtuses à leur extrémité, peu concaves, bordées de dents fines, peu profondes, recourbées et émoussées, soutenues sur des pétioles un peu longs et grêles.

Caractère saillant de l'arbre : teinte générale du feuillage d'un vert bleu intense et un peu brillant ; toutes les feuilles petites et peu profondément crénelées ou dentées ; stipules remarquablement fines.

Fruit petit, presque sphérique, à peine un peu plus atténué du côté du point pistillaire, se terminant, soit du côté de la queue, soit du côté du point pistillaire, en deux hémisphères à peu près égales, à joues bien convexes, également convexe par ses faces dont l'une à peine comprimée est traversée par un sillon très-peu prononcé.

Peau fine, mince, d'abord d'un pourpre brun, puis passant à la maturité, milieu d'août, au pourpre noir et recouvert d'une fleur fine et azurée. Point pistillaire jaunâtre ou rougeâtre, attaché dans une dépression très-peu creusée et souvent nulle.

Queue courte ou assez courte, peu forte, attachée dans une cavité étroite et peu profonde.

Chair verdâtre, fine, tendre, fondante, abondante en jus bien sucré, agréablement relevé et parfumé.

Noyau un peu gros pour le volume du fruit, ovoïde, court et épais, largement tronqué à son point d'attache à la queue, obtus à son autre extrémité, à joues bien bombées, traversées sur toute leur hauteur par un pli assez prononcé, à peine raboteuses, se détachant bien de la chair ; suture ventrale très-largement et profondément sillonnée, à peine crénelée par ses bords ; arête dorsale très-épaisse, un peu saillante vers le point d'attache, bien aplanie sur le reste de son étendue ; rainures latérales très-étroites et très-peu profondes.

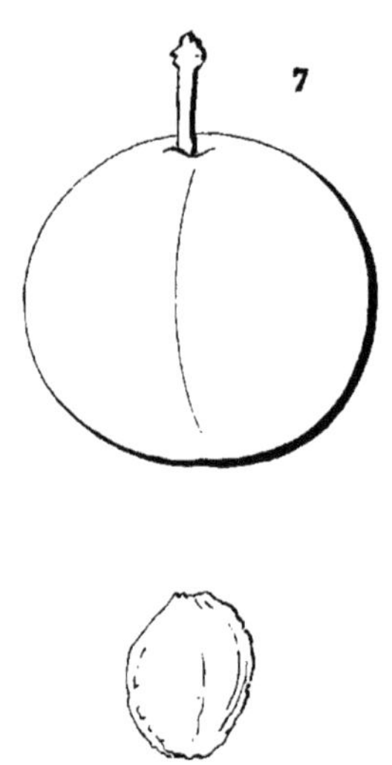

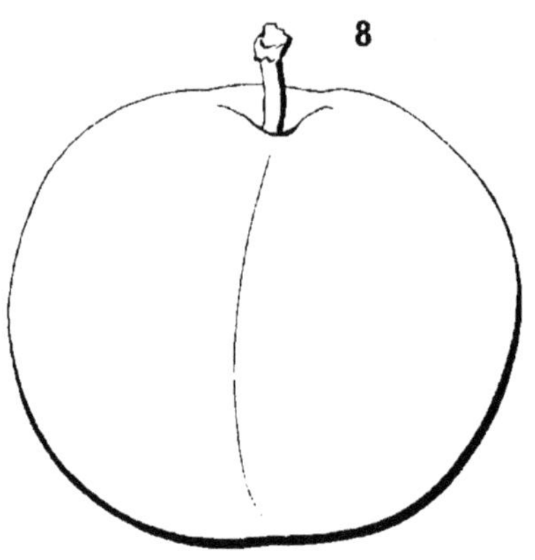

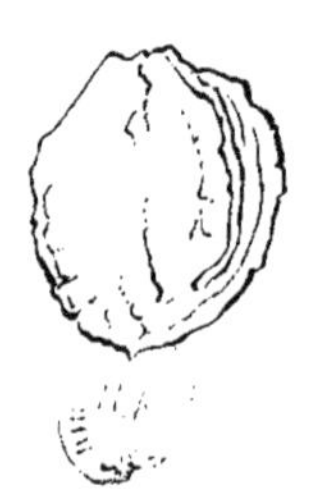

7 AZURE HATIVE. 8 GOLIATH.

Peingeon del.t

Imp. Gauthier frères, à Lons le Saunier

GOLIATH

(N° 8)

A Guide to the orchard. LINDLEY.
The fruit Manual. ROBERT HOGG.
The Fruits and the fruit-trees of America. DOWNING.
The american fruit Culturist. THOMAS.
Illustrirtes Handbuck der Obstkunde. OBERDIECK.
WAHRE CALEDONIAN. GOLIATH. *Systematische Anleitung zur Kenntniss der Pflaumen.* LIEGEL.

OBSERVATIONS. — Cette variété, d'origine anglaise, porte aussi les noms de Caledonian, Steer's Emperor, Saint-Cloud, Wilmot's late Orléans. Liegel lui a donné celui de vraie Caledonian pour rappeler qu'elle diffère de la Prune Pêche ou Nectarine que nous avons déjà décrite dans le *Verger* et à laquelle on a souvent attribué le synonyme Caledonian. Les fruits de ces deux variétés non-seulement n'ont pas la même apparence, ni la même qualité, mais encore ils mûrissent à un mois de distance. — L'arbre, d'une bonne vigueur, d'une végétation assez capricieuse, s'accommode cependant, avec quelques soins, des formes régulières dont le maintien est facilité par la bonne disposition et la durée des productions fruitières. Il est d'une fertilité seulement moyenne, et son fruit, d'assez bonne qualité, convient bien au marché par sa belle apparence.

DESCRIPTION.

Rameaux forts, presque unis dans leur contour, droits, à entre-nœuds très-courts, d'un brun jaunâtre peu foncé et terne du côté de l'ombre, d'un noir violet du côté du soleil ; lenticelles grisâtres, bien arrondies, assez nombreuses et peu apparentes. Un duvet très-court et peu épais les recouvre sur toute leur longueur.

Boutons à bois très-petits, coniques, courts, bien finement aigus, à direction écartée du rameau, soutenus sur des supports très-saillants dont l'arête médiane se prolonge très-peu distinctement ; écailles d'un marron clair.

Pousses d'été d'un vert vif, lavées de rouge rosat du côté du soleil et couvertes d'un duvet court, soyeux et épais.

Feuilles des pousses d'été assez petites, obovales-élargies, se terminant brusquement en une pointe presque nulle, un peu concaves et un peu arquées, bordées de dents fines, peu profondes, surdentées et obtuses, assez mal soutenues sur des pétioles assez courts et peu forts, un peu souples, à peine duveteux et munis de deux petites glandes globuleuses vertes.

Stipules courtes, finement lancéolées et deux fois lobées à leur base.

Boutons à fruit très-petits, coniques, bien aigus, réunis sur des dards courts et forts; écailles d'un marron clair.

Fleurs grandes; pétales arrondis-élargis, bien concaves, à peine distinctement dentés à leur sommet; divisions du calice courtes, ovales, obtuses; pédicelles très-courts, forts et un peu duveteux.

Feuilles des productions fruitières petites, obovales-elliptiques, courtement et brusquement atténuées vers le pétiole, à peine repliées sur leur nervure médiane et souvent contournées sur leur longueur, bordées de dents un peu larges, un peu profondes, peu couchées et un peu aiguës, soutenues sur des pétioles de moyenne longueur et assez forts.

Caractère saillant de l'arbre : teinte générale du feuillage d'un vert bleu un peu brillant; toutes les feuilles petites ou assez petites et remarquablement épaisses.

Fruit très-gros, sphérico-ellipsoïde, presque également atténué et un peu tronqué à ses deux pôles, assez convexe par ses joues, convexe un peu comprimé par ses faces dont l'une est traversée par un sillon large et très-peu profond.

Peau épaisse, se détachant bien de la chair à la maturité, d'abord d'un beau pourpre intense pointillé de blanc, et qui à la maturité, fin d'août, devient encore plus intense et se recouvre d'une fleur d'un bleu d'azur, très-fine et peu dense. Point pistillaire roussâtre, bien large, attaché dans une dépression très-peu prononcée et très-évasée.

Queue très-courte, forte, attachée dans une cavité large et profonde.

Chair jaunâtre, peu fine, suffisante en jus richement sucré, vineux, acidulé, sans parfum bien appréciable.

Noyau petit pour le volume du fruit, tronqué et largement échancré à son point d'attache à la queue, très-largement obtus à son autre extrémité surmontée d'une pointe peu appréciable, à joues un peu bombées, un peu rocailleuses, traversées sur toute leur hauteur par un pli peu prononcé, se détachant assez bien de la chair, caractère contesté par quelques auteurs; suture ventrale largement et profondément sillonnée, grossièrement crénelée par ses bords; arête dorsale extraordinairement épaisse, finement tranchante du côté du point d'attache, un peu aplanie sur le reste de son étendue; rainures latérales bien creusées.

VINEUSE-ACIDULE

(WINE-SOUR)

(N° 9)

A Guide to the orchard. LINDLEY.
The fruit Manual. ROBERT HOGG.
The Fruits and the fruit-trees of America. DOWNING.
SAUERE-WEINPFLAUME VON YORKSHIRE. *Systematiches Handbuch der Obstkunde.* DITTRICH.
WEINSAUERLICHE ZWETSCHE. *Illustrirtes Handbuch der Obstkunde.* OBERDIECK.

OBSERVATIONS. — Lindley disait, en 1831, que cette variété était réputée obtenue, depuis plusieurs années, près du bourg de Rotherham dont elle porte aussi quelquefois le nom et qui est situé dans le comté d'York. Il ajoute : « c'est la meilleure de nos Prunes à sécher et les pruneaux en sont expédiés annuellement de Wakefield et de Leeds dans différentes parties de l'Angleterre. Ils se conservent un ou deux ans et sont préférables à ceux importés de l'étranger. » — L'arbre, assez peu vigoureux, forme une tête irrégulière, à branches divergentes et pliant bientôt sous le poids de récoltes très-abondantes. Son fruit ne doit être considéré que comme propre aux usages du ménage.

DESCRIPTION.

Rameaux grêles, très-finement anguleux dans leur contour, bien droits, à entre-nœuds un peu longs, d'un vert terne du côté de l'ombre, colorés de rouge sanguin foncé du côté du soleil, à peine un peu duveteux à leur sommet et à leur partie inférieure.

Boutons à bois petits, coniques, très-courts, très-épais, très-courtement aigus, à direction parallèle ou presque parallèle au rameau, soutenus sur des supports peu saillants dont les côtés et l'arête médiane se prolongent très-finement ; écailles d'un marron assez foncé et brillant.

Pousses d'été d'un vert très-clair, lavées de rouge clair du côté du soleil et couvertes à leur partie supérieure d'un duvet très-court et très-fin, à peine appréciable.

Feuilles des pousses d'été assez petites, ovales un peu élargies, se terminant régulièrement en une pointe courte, un peu repliées sur leur nervure médiane et un peu arquées, bordées de dents très-fines, peu profondes, un peu recourbées et aiguës, assez peu soutenues sur des pétioles assez courts, grêles, à peine duveteux, horizontaux ou presque horizontaux ; deux petites glandes globuleuses vertes sont ordinairement attachées à la base du limbe.

Stipules courtes, finement lancéolées et finement lobées à leur base.

Boutons à fruit très-petits, ovoïdes, courts, très-épais, très-courtement aigus, à direction parallèle ou presque parallèle au rameau, soutenus sur des supports peu saillants dont les côtés et l'arête médiane se prolongent très-finement ; écailles d'un marron assez foncé et brillant.

Fleurs assez petites ; pétales ovales-arrondis, concaves ; divisions du calice de moyenne longueur, étroites et bien aiguës à leur extrémité ; pédicelles extraordinairement courts et grêles.

Feuilles des productions fruitières petites, obovales, assez courtement et bien sensiblement atténuées vers le pétiole, obtuses à leur extrémité, planes ou presque planes, bordées de dents peu profondes, un peu couchées et un peu aiguës, soutenues sur des pétioles un peu longs, grêles et souples.

Caractère saillant de l'arbre : teinte générale du feuillage d'un vert pré tendre et mat ; toutes les feuilles plus ou moins petites ; tous les rameaux plus ou moins grêles.

Fruit petit, obovoïde, plus ou moins sensiblement atténué, obtus ou à peine tronqué du côté de la queue, très-largement obtus du côté du point pistillaire, largement convexe par ses joues, très-largement convexe-comprimé par une de ses faces, un peu plus convexe par la face opposée traversée par un sillon étroit et peu creusé.

Peau assez fine et un peu ferme, d'abord d'un pourpre terne, puis passant à la maturité, **septembre**, au pourpre brun sombre et recouvert d'une fleur d'un gris bleu. Point pistillaire petit, rougeâtre, placé dans un petit creux à l'extrémité du sillon.

Queue courte, un peu forte, attachée dans une cavité très-étroite et très-peu profonde.

Chair verte, parfois un peu tachée de rouge vers le noyau, fine, un peu ferme, suffisante en jus sucré et acidulé.

Noyau un peu gros pour le volume du fruit, ovoïde un peu allongé, un peu atténué et un peu tronqué à son point d'attache à la queue, se terminant presque régulièrement à son autre extrémité en une pointe aiguë, à joues peu bombées, très-finement plissées vers le point d'attache, un peu rocailleuses et ne se détachant pas de la chair ; suture ventrale fermée et presque unie par ses bords ; arête dorsale épaisse, non saillante, à peine un peu tranchante vers le point d'attache, aplanie sur le reste de son étendue ; rainures latérales fermées ou nulles.

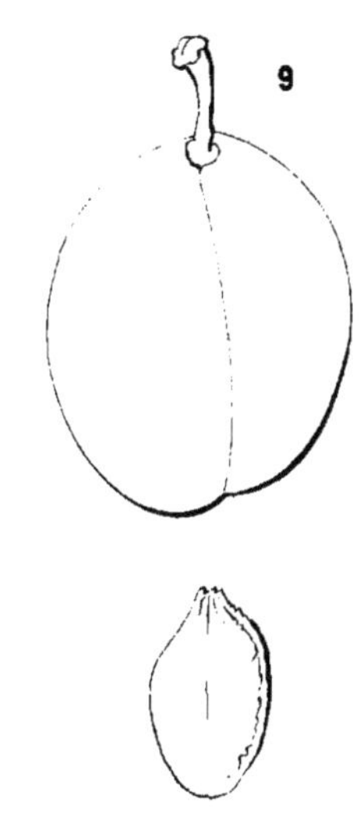

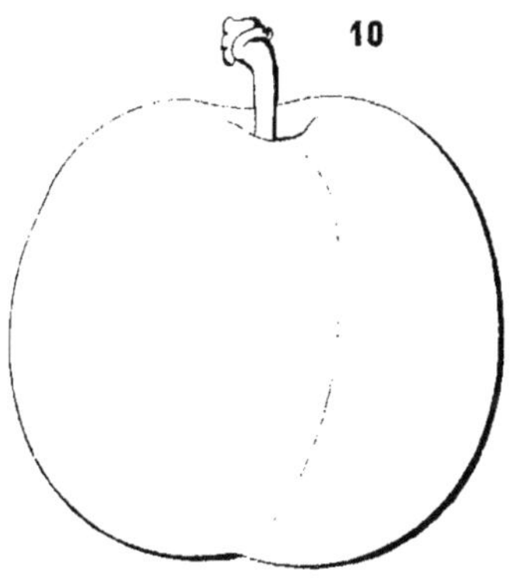

9 VINEUSE-ACIDULE. 10 GÉNÉRAL HAND.

…son del^t

Imp. Gauthier frères, à Lons-le-Saunier.

GÉNÉRAL HAND

(N° 10)

The Fruits and the fruit-trees of America. Downing.
The american fruit Culturist. Thomas.
The fruit Manual. Robert Hogg.

Observations. — Downing dit que l'origine de cette variété est incertaine, qu'elle est toutefois supposée avoir été obtenue sur la ferme du général Hand, près de Lancastre, Pensylvanie. — L'arbre, d'une bonne vigueur, forme une tête régulière, bien élargie et peu compacte. Sa végétation s'accommode peu des formes soumises à la taille. Sa fertilité est seulement moyenne. Son fruit, avec l'apparence de la Reine-Claude, la surpasse beaucoup par son volume mais non par sa qualité. Il peut être bon à sécher, mais il n'atteint que le second rang pour la table.

DESCRIPTION.

Rameaux assez forts, très-obscurément anguleux dans leur contour, presque droits, à entre-nœuds courts, d'un brun peu foncé à l'ombre, d'un brun rougeâtre intense du côté du soleil sur lequel une pellicule se disperse en petites taches, glabres sur toute leur longueur.

Boutons à bois moyens, coniques un peu allongés, finement aigus, à direction un peu écartée du rameau, soutenus sur des supports extraordinairement saillants et dont l'arête médiane se prolonge très-peu distinctement; écailles d'un marron foncé et un peu brillant.

Pousses d'été d'un vert d'eau, lavées de rouge sanguin du côté du soleil et à peine duveteuses à leur partie supérieure.

Feuilles des pousses d'été grandes, ovales-élargies, se terminant régulièrement en une pointe aiguë, un peu convexes ou presque planes et peu arquées, très-largement ondulées dans leur contour, largement et assez profondément crénelées plutôt que dentées, soutenues presque horizontalement sur des pétioles de moyenne longueur, extraordinairement forts, peu redressés, presque glabres et munis de deux glandes globuleuses vertes.

Stipules très-courtes, très-courtement lobées à leur base et bien caduques.

Boutons à fruit petits, coniques, maigres et finement aigus, réunis assez nombreux sur des dards courts et forts ; écailles d'un marron terne.

Fleurs presque moyennes ; pétales ovales-allongés, étroits, peu concaves, un peu écartés entre eux ; divisions du calice longues et bien atténuées à leur extrémité ; pédicelles extraordinairement courts et un peu forts.

Feuilles des productions fruitières moyennes, obovales-allongées, assez longuement et peu sensiblement atténuées vers le pétiole, obtuses à leur extrémité, à peine repliées sur leur nervure médiane et recourbées en dessous par leur pointe, bordées de dents fines, peu profondes, recourbées et un peu aiguës, soutenues sur des pétioles longs, assez forts et divergents.

Caractère saillant de l'arbre : teinte générale du feuillage d'un vert bleu assez intense et brillant ; toutes les feuilles remarquablement épaisses ; pétioles des feuilles des pousses d'été extraordinairement forts ; caractères généraux assez semblables à ceux de la Reine-Claude, mais plus d'ampleur dans tous les organes.

Fruit gros, sphérico-ovoïde, largement tronqué du côté de la queue, à peine un peu plus atténué et largement arrondi vers le point pistillaire, à joues assez convexes, également convexe par ses faces dont l'une à peine un peu comprimée est traversée par un sillon large et souvent très-peu creusé.

Peau mince, se détachant assez difficilement de la chair, d'abord d'un vert d'eau assez vif, puis à la maturité, milieu et fin d'août, passant au jaune verdâtre semé de très-petits points blanchâtres, très-concentrés du côté du soleil et prenant parfois, sur les fruits bien exposés, un ton un peu rougeâtre ; une fleur légère, d'un vert blanchâtre, recouvre toute sa surface. Point pistillaire d'un jaune verdâtre, placé dans une petite dépression à l'extrémité du sillon.

Queue courte, forte, attachée dans une cavité peu profonde et évasée.

Chair verdâtre, assez fine, ferme, peu abondante en jus doux, sucré, vineux, acidulé, sans parfum bien appréciable.

Noyau proportionné au volume du fruit, à peine tronqué à son point d'attache à la queue, largement obtus à son autre extrémité surmontée d'une très-petite pointe, à joues assez bombées et seulement chagrinées, se détachant bien de la chair ; suture ventrale largement et profondément sillonnée, presque unie par ses bords ; arête dorsale un peu épaisse, bien saillante, surtout du côté du point d'attache, tranchante sur toute sa longueur ; rainures latérales larges et profondes.

ABRICOTÉE HATIVE

(FRUHE APRIKOSENPFLAUME)

(N° 11)

Illustrirtes Handbuch der Obstkunde. OBERDIECK.
Catalogue Jahn. 1864.
OBERDIECKS FRUHE APRIKOSENPFLAUME. *Systematische Anleitung zur Kenntniss der Pflaumen.* LIEGEL.

OBSERVATIONS. — D'après Oberdieck, cette variété serait très-répandue dans le Hanôvre où probablement elle aurait pris naissance et se multiplierait de semis. Elle ne doit pas être confondue avec l'Abricotée hâtive, décrite par Loiseleur-Deslonchamps, dans le *Nouveau traité des arbres fruitiers.*— L'arbre ne convient pas aux formes régulières. Sa haute tige forme une tête seulement de moyenne dimension, à branches divergentes et pliant bientôt sous le poids de leurs récoltes. Son fruit est de bonne qualité et sa fertilité très-précoce et très-grande.

DESCRIPTION.

Rameaux peu forts, obscurément anguleux dans leur contour, flexueux, à entre-nœuds de moyenne longueur, jaunâtres du côté de l'ombre et un peu teintés de rougeâtre du côté du soleil à peine voilé d'une pellicule, glabres sur toute leur longueur.

Boutons à bois assez gros, coniques, épais et bien aigus, à direction bien écartée du rameau, soutenus sur des supports peu saillants dont les côtés et l'arête médiane surtout se prolongent peu distinctement; écailles d'un marron rougeâtre peu foncé et terne.

Pousses d'été d'un vert terne, colorées de rouge sanguin du côté du soleil et glabres sur toute leur longueur.

Feuilles des pousses d'été petites, obovales-elliptiques ou elliptiques-arrondies, largement arrondies ou bien obtuses à leur extrémité, concaves, bordées de dents assez larges, profondes, souvent doubles et arrondies, bien soutenues sur des pétioles de moyenne longueur, de moyenne force, bien redressés et munis de deux petites glandes ovalaires d'un vert jaune.

Stipules courtes, remarquablement élargies et obtuses à leur extrémité.

Boutons à fruit moyens, conico-ovoïdes, finement aigus, réunis sur des dards plus ou moins courts et un peu forts; écailles d'un marron rougeâtre peu foncé et terne.

Fleurs petites, souvent semi-doubles ; pétales arrondis-élargis, bien concaves, teintés de jaune, se recouvrant un peu entre eux; divisions du calice courtes, bien larges, largement arrondies ou tronquées à leur extrémité ; pédicelles courts, forts et glabres.

Feuilles des productions fruitières petites, obovales-arrondies et largement arrondies à leur extrémité, à peine concaves, bordées de dents assez fines, un peu profondes et émoussées, bien soutenues sur des pétioles courts, grêles et divergents.

Caractère saillant de l'arbre : teinte générale du feuillage d'un vert peu foncé et terne; toutes les feuilles un peu molles et tendant à la forme arrondie.

Fruit assez petit, sphérico-ellipsoïde ou presque sphérique, se terminant en deux hémisphères presque égales, soit du côté du point pistillaire, soit du côté de la queue, vers laquelle il est cependant quelquefois un peu plus atténué, bien convexe par ses joues, également convexe par ses faces dont l'une est traversée par un sillon finement et peu profondément creusé.

Peau bien fine, mince, se détachant bien de la chair, d'abord d'un vert très-clair, blanchâtre, puis passant à la maturité, milieu d'août, au jaune clair et vif, recouvert d'une fleur épaisse, blanchâtre et qui prend une teinte rosat du côté du soleil. Point pistillaire jaune, placé dans un petit creux à l'extrémité du sillon.

Queue de moyenne longueur, de moyenne force, attachée dans une cavité peu profonde et évasée.

Chair d'un jaune clair, fine, tendre, fondante, abondante en jus sucré et délicatement parfumé.

Noyau proportionné au volume du fruit, ovo-ellipsoïde, un peu obliquement tronqué à son point d'attache à la queue, bien obtus à son autre extrémité, à joues assez peu bombées, plusieurs fois et finement plissées vers le point d'attache, un peu raboteuses, se détachant bien de la chair, contrairement à ce que disent MM. Oberdieck et Jahn de qui je tiens cette variété ; suture ventrale étroitement et peu profondément sillonnée, crénelée par ses bords ; arête dorsale peu épaisse, peu saillante, un peu tranchante sur la plus grande partie de son étendue ; rainures latérales étroites et un peu profondes.

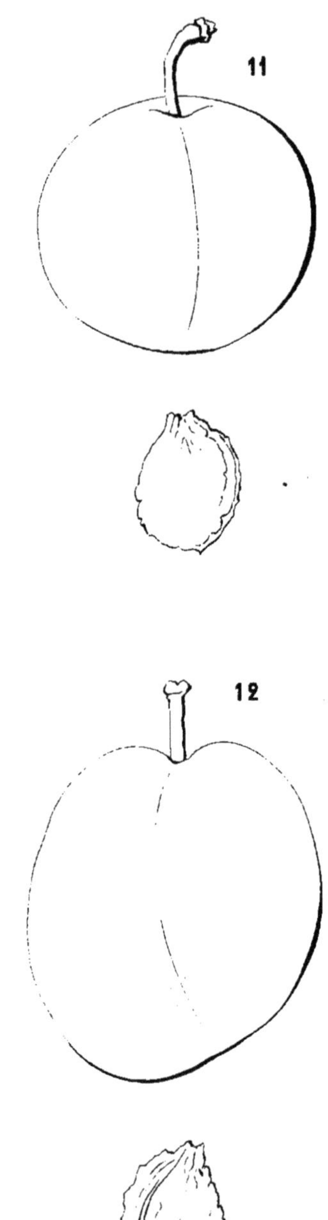

11 ABRICOTÉE HÂTIVE. 12 QUETSCHE APLATIE.

del.t

Imp. Gauthier frères, à Lons-le-Saunier. 3.

QUETSCHE APLATIE

(BREITGEDRUCKTE ZWETSCHE)

(N° 12)

Illustrirtes Handbuch der Obstkunde. JAHN.

DONAUERS ZUSAMMEN GEDRUCKTE ZWETSCHE. *Systematische Anleitung zur Kenntniss der Pflaumen.* LIEGEL.

PLATTRUNDE ZWETSCHE. *Systematisches Handbuch der Obstkunde.* DITTRICH.

OBSERVATIONS. — Cette variété fut trouvée dans un jardin par M. Donauer, de Cobourg (Saxe-Cobourg-Gotha).— L'arbre, d'une vigueur normale, forme une tête très-élevée, compacte, à branches fastigiées qui lui donne presque le port d'un peuplier d'Italie. Son rapport se fait un peu attendre et devient ensuite abondant. Son fruit est de toute première qualité pour sécher.

DESCRIPTION.

Rameaux de moyenne force, presque unis dans leur contour, droits, à entre-nœuds courts et parfois inégaux entre eux, d'un rouge intense en partie voilé d'une pellicule jaunâtre qui se disperse en petites taches du côté du soleil et devient épaisse et uniforme du côté de l'ombre, glabres sur toute leur longueur.

Boutons à bois petits, coniques, bien aigus, à direction parallèle au rameau, soutenus sur des supports saillants dont les côtés et l'arête médiane se prolongent très-peu distinctement ; écailles d'un marron noirâtre et terne.

Pousses d'été d'un vert très-vif, lavées de rouge vineux du côté du soleil et entièrement glabres sur toute leur longueur.

Feuilles des pousses d'été moyennes ou assez grandes, régulièrement ovales, se terminant un peu brusquement en une pointe longue et large, peu concaves et peu arquées, bordées de dents larges, profondes et courtement aiguës, soutenues horizontalement sur des pétioles courts, de moyenne force, bien redressés, glabres et non colorés de rouge ; deux très-petites glandes globuleuses d'un vert clair sont attachées à la base du limbe.

Stipules assez longues, lancéolées étroites, dentées et peu profondément lobées à leur base.

Boutons à fruit petits, conico-ovoïdes, aigus, réunis peu nombreux sur des dards peu longs et très-grêles; écailles d'un marron très-foncé et terne.

Fleurs moyennes ; pétales elliptiques, peu larges, allongés, souvent un peu échancrés et lavés de jaune à leur sommet, un peu concaves, écartés entre eux ; divisions du calice bien longues, étroites et aiguës; pédicelles courts, grêles et glabres.

Feuilles des productions fruitières assez petites, obovales un peu allongées ou courtes, brusquement et courtement atténuées vers le pétiole, obtuses à leur extrémité, planes ou presque planes et peu arquées, bordées de dents assez profondes, un peu recourbées et assez aiguës, soutenues horizontalement sur des pétioles très-courts, grêles et un peu recourbés.

Caractère saillant de l'arbre : feuilles des pousses d'été d'un vert vif et brillant; feuilles adultes d'un vert herbacé et mat; tous les pétioles courts et un peu recourbés en dessous.

Fruit moyen, obovoïde-comprimé, à peine un peu plus atténué et obtus du côté de la queue, presque également atténué et obliquement obtus du côté du point pistillaire, largement convexe par ses joues, un peu plus convexe par ses faces dont l'une est traversée par un sillon large et peu profond qui la partage ordinairement en deux parties très-inégales.

Peau fine, mince, d'abord d'un pourpre clair, puis passant à la maturité, fin d'août et commencement de septembre, au pourpre plus intense recouvert d'une fleur bleue et dense. Point pistillaire rougeâtre, un peu creusé à l'extrémité du sillon.

Queue assez courte, grêle, attachée dans une cavité étroite et peu profonde.

Chair verte, fine, succulente, peu abondante en jus richement sucré, vineux et parfumé.

Noyau proportionné au volume du fruit, irrégulièrement ovoïde-allongé, un peu atténué et un peu échancré à son point d'attache à la queue, obtus à son autre extrémité surmontée d'une très-petite pointe, à joues peu bombées, une fois et distinctement plissées vers le point d'attache, raboteuses et se détachant bien de la chair; suture ventrale très-étroitement et très-peu profondément sillonnée, finement crénelée par ses bords; arête dorsale peu épaisse, bien saillante, un peu tranchante vers le point d'attache et aplanie sur le reste de son étendue; rainures latérales extraordinairement étroites et peu profondes.

ROYALE HATIVE DE NIKITA

(NIKITANER FRUHE KONIGSPFLAUME)

(N° 13)

Systematische Anleitung zur Kenntniss der Pflaumen. LIEGEL.
Systematisches Handbuch der Obstkunde. DITTRICH.

OBSERVATIONS. — Cette variété est originaire de Nikita, en Crimée. — L'arbre, d'une vigueur à peine moyenne, s'accommode peu des formes régulières. Il serait plus facile à conduire en l'appliquant à un treillage et surtout à bonne exposition où son fruit, un peu petit, prendrait plus de volume et mûrirait encore plus tôt. Il mérite bien ces soins, car lorsqu'il acquiert toute sa perfection il est de toute première qualité. Sa haute tige forme une tête de petite dimension, bien déprimée, à branches bien divergentes et peu pendantes. Sa fertilité est précoce et bonne.

DESCRIPTION.

Rameaux peu forts, obscurément anguleux dans leur contour, droits, à entre-nœuds courts, d'un vert d'eau du côté de l'ombre, un peu lavés de brun rougeâtre imparfaitement voilé d'une pellicule gris jaunâtre du côté du soleil, glabres sur toute leur longueur.

Boutons à bois très-petits, coniques, maigres et très-courtement aigus, à direction peu écartée du rameau, soutenus sur des supports un peu saillants dont les côtés et l'arête médiane se prolongent assez peu distinctement; écailles d'un marron clair.

Pousses d'été d'un vert très-clair, lavées de rouge vineux du côté du soleil et glabres sur toute leur longueur.

Feuilles des pousses d'été petites, ovales-elliptiques, se terminant un peu brusquement en une pointe courte et large, largement creusées en gouttière et à peine arquées, régulièrement ondulées dans leur contour, bordées de dents assez fines, finement surdentées, peu profondes, tantôt plus, tantôt moins aiguës, soutenues sur des pétioles courts, grêles, peu redressés, glabres et munis de deux petites glandes globuleuses vertes.

Stipules très-courtes, très-fines et à peine une fois lobées à leur base.

Boutons à fruit très-petits, coniques, un peu émoussés, réunis peu nombreux sur des dards assez courts et grêles ; écailles d'un marron jaunâtre.

Fleurs très-petites ; pétales presque elliptiques, un peu tronqués, finement dentés et teintés de jaune verdâtre à leur sommet ; divisions du calice très-courtes, étroites et sensiblement atténuées à leur extrémité ; pédicelles extraordinairement courts et glabres.

Feuilles des productions fruitières petites, obovales un peu allongées, brusquement et un peu sensiblement atténuées vers le pétiole, peu obtuses ou presque aiguës à leur extrémité, un peu creusées en gouttière, largement ondulées dans leur contour, bordées de dents fines, peu profondes, couchées et aiguës, soutenues sur des pétioles très-courts et très-grêles.

Caractère saillant de l'arbre : teinte générale du feuillage d'un vert herbacé peu brillant ; feuilles des pousses d'été tendant bien à la forme elliptique ; toutes les feuilles petites ; tous les pétioles courts ou très-courts et grêles.

Fruit petit ou presque moyen, sphérique un peu comprimé, se terminant presque en demi-sphère du côté de la queue, un peu tronqué ou échancré vers le point pistillaire, à joues assez convexes, un peu comprimé sur ses faces dont l'une est très-largement convexe et l'autre à peine un peu plus saillante est traversée par un sillon étroit et peu prononcé qui souvent dépasse le point pistillaire pour se prolonger un peu sur la face opposée.

Peau mince, fine, d'abord d'un vert d'eau, bientôt largement taché de pourpre rosat, puis passant à la maturité, commencement d'aout, au pourpre plus décidé, recouvert du côté du soleil d'une sorte de réseau de traits fins, d'un jaune doré, et voilé d'une fleur d'un violet clair qui donne au fruit la plus jolie apparence. Point pistillaire jaunâtre, placé dans une dépression très-peu sensible.

Queue assez courte, un peu forte, bien épaissie à son point d'attache au rameau, attachée presque à fleur du sommet du fruit.

Chair d'un jaune décidé, fine, fondante, ruisselante en jus délicieusement sucré et parfumé à la manière de la Reine-Claude violette.

Noyau petit pour le volume du fruit, ovoïde, un peu obliquement tronqué à son point d'attache à la queue, se terminant régulièrement en une petite pointe à son autre extrémité, à joues assez bombées, à peine plissées vers le point d'attache, presque unies sur le reste de leur surface, se détachant assez bien de la chair ; suture ventrale largement et un peu profondément sillonnée, presque unie par ses bords ; arête dorsale épaisse, peu saillante, tranchante seulement vers le point d'attache ; rainures latérales très-finement et très-peu profondément creusées.

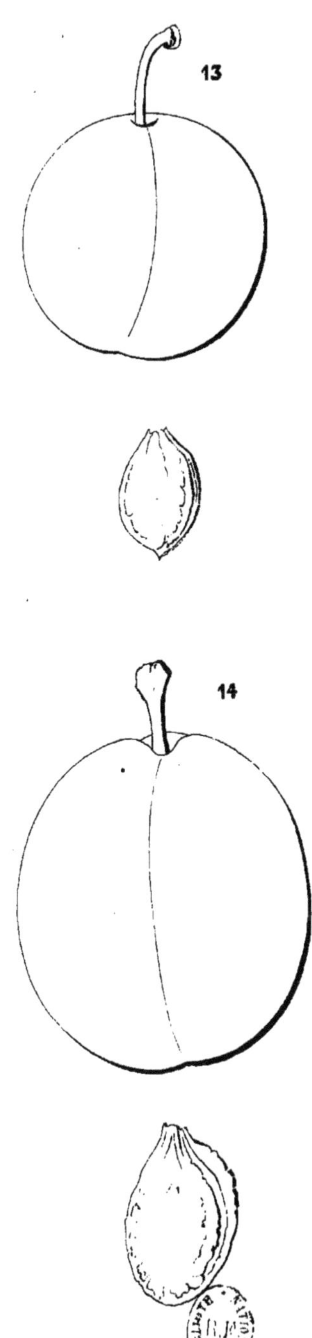

13 ROYALE HÂTIVE DE NIKITA. 14 GROSSE QUETSCHE DE DOREIL.

Peingeon del.t Imp. Gauthier frères, à Lons-le-Saunier.

GROSSE QUETSCHE DE DORELL

(DORELLS GROSSE ZWETSCHE)

(N° 14)

Illustrirtes Handbuck der Obstkunde. OBERDIECK.
DORELLS NEUE GROSSE ZWETSCHE. *Systematische Anleitung zur Kenntniss der Pflaumen.* LIEGEL.
Systematisches Handbuch der Obstkunde. DITTRICH.
The Fruits and the fruit-trees of America. DOWNING.

OBSERVATIONS. — D'après Liegel, cette variété aurait été obtenue par le docteur Dorell, de Kuttenberg, Bohême, d'un noyau de la Grosse Quetsche de Hongrie. — L'arbre, d'une vigueur normale, s'accommode peu des formes régulières. Sa haute tige forme une tête de moyenne dimension, à branches érigées, bien subdivisées et formant un peu le buisson. Son rapport est précoce, riche et soutenu. Son fruit doit être classé dans les excellentes prunes à sécher.

DESCRIPTION.

Rameaux de moyenne force, allongés et bien fluets à leur partie supérieure, un peu anguleux dans leur contour, droits, à entre-nœuds assez courts, d'un vert mat du côté de l'ombre, d'un rouge violacé intense du côté du soleil et glabres sur toute leur longueur.

Boutons à bois petits, coniques, courts, épais et courtement aigus, à direction parallèle au rameau, soutenus sur des supports saillants dont les côtés et l'arête médiane se prolongent assez distinctement; écailles d'un marron foncé.

Pousses d'été d'un vert clair, lavées de rouge vif du côté du soleil, glabres sur toute leur longueur.

Feuilles des pousses d'été moyennes, elliptiques-arrondies, se terminant brusquement en une pointe peu longue et recourbée en dessous, planes ou même un peu convexes, bordées de dents très-profondes et courtement aiguës, élégamment ondulées dans tout leur contour, soutenues horizontalement sur des pétioles courts, peu forts, à peine flexibles, munis de plusieurs petites glandes globuleuses.

Stipules foliacées, de moyenne longueur, lancéolées, profondément dentées et plusieurs fois lobées à leur base.

Boutons à fruit très-petits, conico-ovoïdes, peu aigus, réunis sur des dards plus ou moins courts et grêles ; écailles d'un marron noirâtre.

Fleurs moyennes ; pétales ovales-élargis, concaves, à onglet nul, se recouvrant entre eux ; divisions du calice longues, étroites et un peu aiguës ; pédicelles courts et peu forts.

Feuilles des productions fruitières petites, épaisses, obovales, se terminant en une pointe très-courte, bien creusées en gouttière et un peu arquées, bordées de dents fines, peu profondes et émoussées, bien soutenues sur des pétioles très-courts, forts et roides.

Caractère saillant de l'arbre : teinte générale du feuillage d'un vert clair ; les plus jeunes feuilles d'un vert jaune ; feuilles des pousses d'été remarquablement arrondies et ondulées dans leur contour ; tous les pétioles très-courts ; rameaux grêles.

Fruit gros, obovo-ellipsoïde, plus atténué et à peine tronqué du côté de la queue, moins atténué et très-largement obtus du côté du point pistillaire, peu convexe par ses joues, très-largement convexe un peu comprimé par une de ses faces, plus convexe par la face opposée traversée par un sillon large et peu profond.

Peau ferme, d'abord d'un pourpre clair, puis passant à la maturité, septembre, au pourpre plus intense et cependant vif, pointillé de blanc du côté du soleil et recouvert d'une fleur lilas et assez dense. Point pistillaire un peu large, blanchâtre, attaché à fleur du fruit, à l'extrémité du sillon.

Queue courte, un peu forte, attachée dans une cavité étroite et assez profonde.

Chair bien jaune, fine, ferme, abondante en jus richement sucré, vineux et acidulé.

Noyau proportionné au volume du fruit, obovoïde un peu allongé, courtement atténué et un peu tronqué à son point d'attache à la queue, bien obtus à son autre extrémité, à joues assez bombées, un peu plissées vers le point d'attache, très-raboteuses et adhérant à la chair ; suture ventrale fermée ou presque fermée, imparfaitement crénelée par ses bords ; arête dorsale épaisse, un peu saillante, finement tranchante vers le point d'attache, aplanie sur le reste de son étendue ; rainures latérales un peu larges et bien creusées.

SHELDON

(N° 15)

The Fruits and the fruit-trees of America. DOWNING.

OBSERVATIONS. — Cette variété est probablement d'origine assez récente et fut obtenue, d'après M. Downing, sur la ferme de Vareham Sheldon, Huron, Comté de Wayne, état de New-York. — L'arbre, d'une croissance vive dans sa jeunesse, est bientôt modéré dans sa vigueur par un rapport des plus riches et sans alternat. Sa végétation ne le dispose pas à s'accommoder des formes régulières. Sa haute tige forme une tête de dimension moyenne, à branches divergentes et espacées. Son fruit assez gros, de première qualité pour la table, est de toute première qualité pour pruneau ; laissé sur l'arbre, il sèche sans pourrir et passe à l'état de confiture réellement très-bonne. Cette variété mérite d'attirer l'attention de la culture de spéculation et d'autant plus qu'elle semble devoir convenir à tous les climats. Son fruit jusqu'à présent, chez moi, est toujours resté parfaitement sain en atteignant sa maturité complète, lorsque les fruits d'autres variétés se fendaient et pourrissaient par des saisons humides.

DESCRIPTION.

Rameaux assez forts, unis dans leur contour, droits, à entre-nœuds courts, jaunâtres du côté de l'ombre, d'un brun rougeâtre du côté du soleil recouvert d'une pellicule brillante et peu adhérente, glabres sur toute leur longueur.

Boutons à bois très-petits, coniques, très-courts, épatés, émoussés ou très-courtement aigus, à direction peu écartée du rameau, soutenus sur des supports peu saillants dont les côtés et l'arête médiane ne se prolongent pas ; écailles d'un marron clair.

Pousses d'été d'un vert vif, un peu lavées de rouge du côté du soleil, très-légèrement duveteuses sur toute leur longueur.

Feuilles des pousses d'été moyennes, obovales-élargies, se terminant peu brusquement en une pointe large et courte, les unes planes, les autres à peine repliées sur leur nervure médiane, bordées de dents fines, peu profondes, doubles et obtuses, bien soutenues sur des pétioles courts, peu forts, redressés, un peu duveteux et munis de deux ou plusieurs petites glandes globuleuses jaunes.

Stipules très-courtes, en alênes recourbées, tantôt entières, tantôt une fois lobées à leur base.

Boutons à fruit petits, conico-ovoïdes, bien aigus, réunis sur des dards extraordinairement courts et très-forts ; écailles d'un marron rougeâtre peu brillant.

Fleurs moyennes ; pétales ovales-arrondis, peu concaves, très-légèrement lavés de jaune à leur sommet ; divisions du calice de moyenne longueur, ovales, un peu aiguës ; pédicelles courts et forts.

Feuilles des productions fruitières plus petites que celles des pousses d'été, obovales un peu allongées, obtuses à leur extrémité, à peine repliées sur leur nervure médiane et arquées, bordées de dents fines, peu profondes, couchées et aiguës, bien soutenues sur des pétioles courts, grêles et redressés.

Caractère saillant de l'arbre : teinte générale du feuillage d'un vert bien foncé ; toutes les feuilles bien fermes sur leurs pétioles.

Fruit moyen ou presque gros, irrégulièrement ellipsoïde, également obtus à ses deux extrémités vers lesquelles il s'atténue aussi à peu près également, à joues largement convexes, plus convexe par ses faces dont l'une est partagée en deux parties sensiblement inégales par un sillon peu prononcé, et l'autre est régulièrement et uniformément bombée.

Peau peu épaisse et cependant ferme, d'abord d'un pourpre foncé de bonne heure voilé d'une fleur épaisse et bleuâtre. A la maturité, commencement et milieu d'août, le pourpre passe au pourpre noir et la fleur se maintient bien adhérente. Point pistillaire jaunâtre, attaché à l'extrémité du sillon et paraissant quelquefois placé un peu en dehors de l'axe du fruit, à cause de la saillie prononcée formée par le prolongement d'une de ses joues.

Queue de moyenne longueur et de moyenne force, souvent courbée, attachée dans une cavité très-étroite et peu profonde.

Chair d'un jaune intense, bien fine, ferme, abondante en jus excellemment sucré et parfumé.

Noyau proportionné au volume du fruit, obovoïde un peu comprimé, s'atténuant bien en une pointe à peine tronquée ou presque aiguë du côté de son point d'attache à la queue, largement obtus à son autre extrémité, à joues peu bombées, traversées sur toute leur longueur par un pli prononcé, se détachant parfaitement de la chair ; suture ventrale étroitement et profondément sillonnée, unie par ses bords ; arête dorsale peu épaisse, un peu saillante et tranchante sur toute sa longueur ; rainures latérales très-finement creusées.

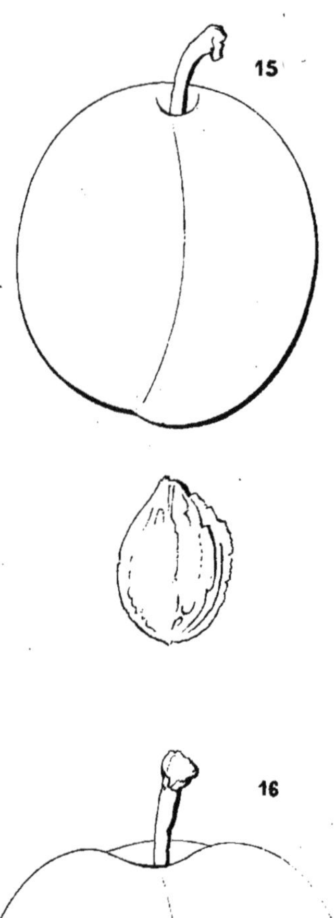

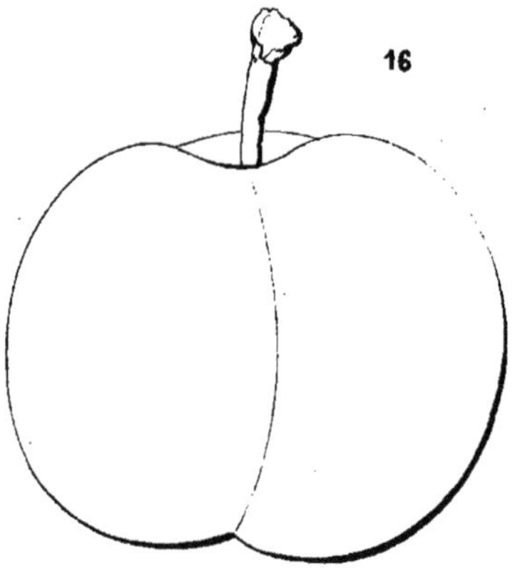

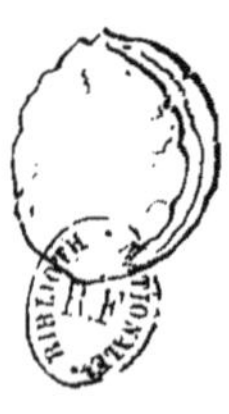

15 SHELDON. 16 REINE-CLAUDE DIAPHANE.

Peingeon del.t *Imp. Gauthier frères, à Lons-le-Saunier.*

REINE-CLAUDE DIAPHANE

(N° 16)

Revue horticole. 1868.
Revue horticole. O. THOMAS 1871.
Congrès pomologique de France.
PRUNE DIAPHANE. *Album de pomologie.* BIVORT.
REINE-CLAUDE TRANSPARENTE. *Les fruits à cultiver.* JAMIN.
TRANSPARENT GAGE. *The fruit Manual.* ROBERT HOGG.
The Fruits and the fruit-trees of America. DOWNING.
REINE-CLAUDE DE GUIGNE. *Systematische Anleitung zur Kenntniss der Pflaumen.* LIEGEL.
Illustrirtes Handbuch der Obstkunde. OBERDIECK.
DURCHSCHEINENDE REINECLAUDE. *Illustrirtes Handbuch der Obstkunde.* OBERDIECK.

OBSERVATIONS. — Cette variété fut obtenue vers 1845, par M. Lafay, pépiniériste à Paris. Je l'ai reçue sous le nom de Reine-Claude de Guigne de M. Oberdieck qui la tenait de Liegel et n'avait pu obtenir de renseignement sur son origine et sur la cause de ce nom. M. Oberdieck ne s'est pas aperçu qu'il décrivait plus tard sous le nom de Durchscheinende Reine-Claude, Reine-Claude transparente, la même variété dont l'origine a été bien constatée par les pomologistes français. — L'arbre, de bonne vigueur, forme une tête sphérique, peu compacte, remarquable par la force de ses rameaux. Il peut s'accommoder des formes soumises à la taille et surtout de celle de pyramide. Sa fertilité est précoce et bonne. Son fruit de la plus belle apparence, surtout dans les années chaudes, est aussi de première qualité.

DESCRIPTION.

Rameaux très-forts, anguleux dans leur contour, droits, à entre-nœuds très-courts, d'un rouge vineux très-intense à peine voilé d'une pellicule, et couverts d'un duvet extraordinairement court seulement à leur partie inférieure.

Boutons à bois très-gros, coniques, épais et un peu aigus, à direction parallèle ou presque appliqués au rameau vers lequel ils se recourbent par leur pointe, soutenus sur des supports extraordinairement saillants dont les côtés et l'arête médiane se prolongent distinctement; écailles d'un marron rougeâtre terne et recouvert d'une sorte de poussière grisâtre.

Pousses d'été d'un vert vif, colorées de rouge violet du côté du soleil et couvertes d'un duvet très-court, peu abondant et hérissé.

Feuilles des pousses d'été grandes ou assez grandes, obovales un peu allongées et un peu élargies, se terminant presque régulièrement en une pointe aiguë, bien repliées sur leur nervure médiane et non arquées, largement ondulées dans leur contour, largement et assez profondément crénelées, assez peu soutenues sur des pétioles longs, forts, peu redressés ou presque horizontaux, à peine duveteux et munis de deux très-grosses glandes réniformes jaunes.

Stipules blanchâtres, assez longues, lancéolées, plusieurs fois lobées à leur base.

Boutons à fruit gros, conico-ovoïdes, un peu aigus, réunis assez nombreux sur des dards courts et extraordinairement forts; écailles d'un marron rougeâtre très-foncé, terne et recouvert d'une sorte de poussière grisâtre.

Fleurs presque moyennes; pétales elliptiques-élargis, peu concaves; divisions du calice longues, très-sensiblement atténuées et aiguës à leur extrémité ; pédicelles courts et forts.

Feuilles des productions fruitières assez grandes, obovales-élargies, brusquement et courtement atténuées vers le pétiole, largement obtuses à leur extrémité, planes ou presque planes, bordées de dents assez fines, assez peu profondes, bien couchées et aiguës, soutenues sur des pétioles un peu longs et un peu forts.

Caractère saillant de l'arbre : teinte générale du feuillage d'un vert herbacé vif et cependant peu brillant ; feuilles des pousses d'été remarquablement repliées sur leur nervure médiane et ondulées dans leur contour ; toutes les feuilles bien amples ; tous les pétioles un peu longs.

Fruit gros, sphérique bien déprimé à ses deux pôles, largement tronqué du côté de la queue et un peu moins largement tronqué et échancré du côté du point pistillaire, bien convexe par ses joues, également convexe par ses faces dont l'une est traversée par un sillon très-peu prononcé.

Peau fine, mince, longtemps d'avance d'un vert très-pâle, puis passant à la maturité, commencement de septembre ou fin d'aout, au jaune d'or conservant par places un ton un peu vert et largement taché, du côté du soleil, d'un pourpre auquel la fleur blanche qui le recouvre donne l'apparence du plus joli rose. A l'extrême maturité et surtout dans les années chaudes on pressent la couleur jaune de la chair à travers l'épaisseur de la peau et c'est alors seulement que cette prune mérite le nom qu'elle porte. Point pistillaire roussâtre, attaché dans un creux large et profond dont les bords sont pénétrés par l'entrée du sillon.

Queue courte, forte, attachée dans une cavité profonde et largement évasée.

Chair d'un jaune assez intense, assez fine, d'abord un peu consistante, devenant fondante à l'extrême maturité, abondante en jus très-richement sucré et parfumé.

Noyau petit pour le volume du fruit, obovoïde-épais, peu atténué et presque arrondi à son point d'attache à la queue, très-largement obtus à son autre extrémité surmontée d'une petite pointe, à joues bien bombées, un peu raboteuses, ne se détachant pas toujours de la chair ; suture ventrale largement et peu profondément sillonnée, grossièrement crénelée par ses bords ; arête dorsale extraordinairement épaisse, saillante et à peine tranchante sur une partie de sa longueur ; rainures latérales très-larges et profondes.

QUESTCHE DE BOURGOGNE

(BURGUNDER ZWETSCHE)

(N° 17)

Systematische Anleitung zur Kenntniss der Pflaumen. LIEGEL.
Systematisches Handbuch der Obstkunde. DITTRICH.
Illustrirtes Handbuch der Obstkunde. JAHN.
BURGUNDY PRUNE. *The Fruits and the fruit-trees of America.* DOWNING.

OBSERVATIONS. — Le nom de cette variété indique probablement son origine et aucun pomologiste français ne semble cependant s'en être occupé. Calvel donne une courte description d'un Moyeu de Bourgogne qui est un fruit entièrement différent puisqu'il est de couleur jaune. — L'arbre, de vigueur moyenne, forme une tête presque sphérique, peu compacte ou conique-renversée, bien élargie. Sa fertilité est précoce et bonne. Son fruit est le véritable type de l'excellente prune à sécher.

DESCRIPTION.

Rameaux peu forts, très-finement anguleux dans leur contour ou presque unis, un peu flexueux, presque droits, à entre-nœuds de moyenne longueur, bruns du côté de l'ombre, d'un brun rougeâtre intense du côté du soleil et couverts d'un duvet extraordinairement court et peu épais.

Boutons à bois assez petits, coniques-allongés et finement aigus, à direction écartée du rameau, soutenus sur des supports un peu saillants dont les côtés et l'arête médiane ne se prolongent pas ou trè-peu distinctement; écailles d'un marron rougeâtre terne.

Pousses d'été d'un vert très-pâle, lavées de rouge vineux du côté du soleil et couvertes sur toute leur longueur d'un duvet très-court, peu épais et hérissé.

Feuilles des pousses d'été moyennes, ovales-elliptiques, très-largement et très-courtement atténuées vers le pétiole, se terminant presque régulièrement en une pointe peu aiguë, planes ou même parfois un peu convexes, bordées de dents peu profondes, un peu couchées et émoussées, bien soutenues sur des pétioles très-courts, peu forts, un peu redressés, un peu duveteux ; deux très-petites glandes jaunes pédicellées sont ordinairement attachées à la base du limbe.

Stipules très-caduques.

Boutons à fruit très-petits, conico-ovoïdes, finement aigus, réunis sur des dards un peu longs et grêles ; écailles d'un marron rougeâtre terne.

Fleurs petites ; pétales elliptiques-arrondis, bien concaves, se touchant un peu entre eux ; divisions du calice assez longues, un peu atténuées et peu obtuses à leur extrémité ; pédicelles assez courts, peu forts et glabres.

Feuilles des productions fruitières petites, ovales, très-courtement et peu sensiblement atténuées vers le pétiole, un peu obtuses à leur extrémité, très-largement creusées en gouttière ou presque planes, bordées de dents fines, peu profondes, couchées et aiguës, bien soutenues sur des pétioles très-courts et très-grêles.

Caractère saillant de l'arbre : teinte générale du feuillage d'un vert tendre et mat ; toutes les feuilles presque régulièrement ovales ou ovales-elliptiques ; tous les pétioles très-courts et ceux des feuilles des productions fruitières remarquablement grêles ; rameaux fluets et peu feuillus.

Fruit moyen, obovoïde, se terminant en une pointe aiguë du côté de la queue et obtus du côté du point pistillaire, très-largement convexe par ses joues, également convexe par ses faces dont l'une est traversée par un sillon étroit et souvent très-peu profond.

Peau fine, d'abord d'un pourpre clair, puis passant à la maturité, **milieu d'août,** au pourpre vif du côté de la queue et sur les parties à l'ombre, et sur les parties les mieux exposées au pourpre intense sablé de petits points nombreux, d'un jaune doré ; une fleur bleue, fine et peu épaisse recouvre sa surface. Point pistillaire rougeâtre et saillant à l'extrémité du sillon.

Queue longue, très-grêle, attachée exactement à fleur du fruit auquel elle tient peu solidement à mesure que la maturité approche.

Chair d'un jaune verdâtre, bien fine, un peu consistante, suffisante en jus sucré et relevé.

Noyau proportionné au volume du fruit, obovoïde très-allongé, comprimé et un peu courbé sur sa longueur, s'atténuant longuement pour se terminer en une pointe presque aiguë à son point d'attache à la queue, se terminant brusquement à son autre extrémité en une pointe courte, aiguë et recourbée du côté de la suture ventrale, à joues très-peu bombées, non plissées, presque unies dans leur surface et se détachant de la chair ; suture ventrale à peine sillonnée et unie par ses bords ; arête dorsale un peu épaisse, saillante, finement et régulièrement tranchante sur toute sa longueur ; rainures latérales très-étroites et très-peu profondes.

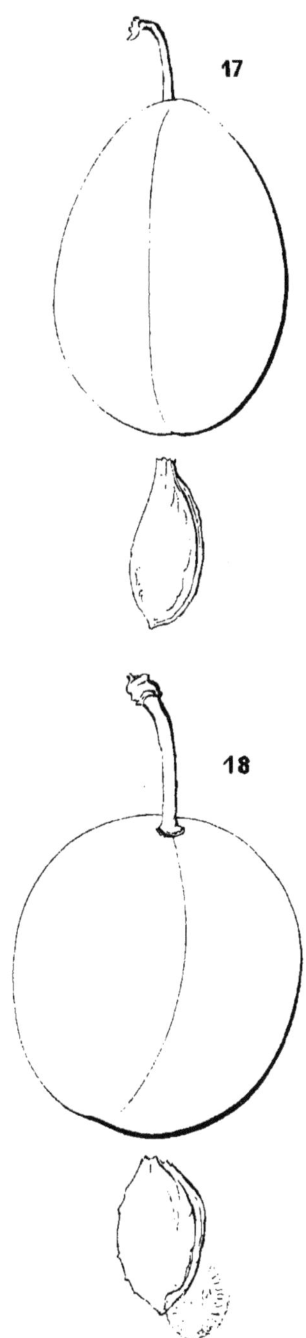

17 QUETSCHE DE BOURGOGNE. 18 ABRICOTÉE DE TRAUTTENBERG.

Peingeon del.t

Imp. Gauthier frères à Lons-le-Saunier.

ABRICOTÉE DE TRAUTTENBERG

(TRAUTTENBERGS APRIKOSENPFLAUME)

(N° 18)

Systematische Anleitung zur Kenntniss der Pflaumen. Liegel.
Illustrirtes Handbuch der Obstkunde. Oberdieck.

Observations. — Cette variété fut obtenue par M. Liegel d'un noyau de l'Abricotée rouge et dédiée par lui à M. le baron Emmanuel de Trauttenberg, de Prague, comme ayant bien mérité de la Pomologie. — L'arbre, de vigueur moyenne, forme une tête irrégulière, à branches divergentes. Sa fertilité, précoce et bonne, est cependant interrompue par des alternats assez complets. Son fruit est de bonne qualité pour la table et excellent pour sécher.

DESCRIPTION.

Rameaux assez grêles, presque unis ou très-finement anguleux dans leur contour, presque droits, à entre-nœuds très-courts, jaunâtres du côté de l'ombre et d'un rouge sanguin vif du côté du soleil et à leur partie supérieure, glabres sur toute leur longueur.

Boutons à bois moyens, coniques un peu renflés et finement aigus, à direction bien écartée du rameau, soutenus sur des supports très-peu saillants dont l'arête médiane ne se prolonge pas ou très-peu distinctement; écailles d'un marron rougeâtre très-foncé.

Pousses d'été d'un vert pâle, lavées de rouge clair du côté du soleil et glabres sur toute leur longueur.

Feuilles des pousses d'été assez petites, obovales, peu atténuées et un peu échancrées vers le pétiole, obtuses à leur extrémité, largement creusées en gouttière et peu arquées, bordées de dents larges, bien profondes, surdentées et bien obtuses, soutenues presque horizontalement sur des pétioles bien courts, peu forts, presque horizontaux et presque glabres; deux très-petites glandes vertes sont ordinairement attachées à la base du limbe.

Stipules courtes, lancéolées et le plus souvent une seule fois lobées à leur base.

Boutons à fruit très-petits, conico-ovoïdes, aigus, réunis sur des dards très-courts et un peu forts ; écailles d'un marron rougeâtre foncé.

Fleurs moyennes; pétales elliptiques-arrondis, peu concaves, se recouvrant entre eux; quelques étamines se convertissant en rudiments de pétales ; divisions du calice étroites et obtuses à leur extrémité; pédicelles de moyenne longueur, grêles et glabres.

Feuilles des productions fruitières petites, obovales-élargies ou parfois elliptiques, largement obtuses à leur extrémité, largement creusées en gouttière et à peine arquées, bordées de dents un peu larges, un peu profondes et obtuses, soutenues sur des pétioles très-courts et grêles.

Caractère saillant de l'arbre : teinte générale du feuillage d'un vert bleu intense et un peu brillant ; toutes les feuilles largement et profondément dentées; tous les pétioles très-courts.

Fruit moyen, ovoïde, tantôt assez court, tantôt un peu allongé, se terminant en demi-sphère du côté de la queue, un peu plus atténué, bien obtus et souvent un peu échancré du côté du point pistillaire, largement convexe par ses joues, bien également convexe par ses faces dont l'une est traversée par un sillon très-peu prononcé.

Peau un peu ferme, d'abord d'un pourpre intense, puis passant à la maturité, commencement de septembre, au pourpre presque noir et recouvert d'une fleur bleue et épaisse. Point pistillaire rougeâtre, un peu saillant à l'extrémité du sillon.

Queue de moyenne longueur, peu forte, attachée dans une cavité étroite et peu profonde.

Chair jaune, ferme, consistante, suffisante en jus bien sucré et assez agréablement parfumé.

Noyau petit pour le volume du fruit, ovoïde un peu allongé, largement tronqué et échancré à son point d'attache à la queue, s'atténuant régulièrement à son autre extrémité en une pointe bien aiguë, à joues un peu bombées, à peine plissées vers le point d'attache, chagrinées et se détachant de la chair ; suture ventrale largement et peu profondément sillonnée, largement et peu profondément crénelée par ses bords ; arête dorsale épaisse, non saillante et bien aplanie sur presque toute sa longueur ; rainures latérales étroites et bien creusées.

MONSIEUR

(N° 19)

Traité des arbres fruitiers. DUHAMEL.
BRIGNOLE VIOLETTE. *Pomologie.* JEAN HERMAN KNOOP.
DE MONSIEUR. *Traité complet sur les pépinières.* CALVEL.
HERNNPFLAUME. *Handbuch uber die Obstbaumzucht.* CHRIST.
Systematische Anleitung zur Kenntniss der Pflaumen. LIEGEL.
Systematisches Handbuch der Obstkunde. DITTRICH.
Illustrirtes Handbuch der Obstkunde. OBERDIECK.
ORLÉANS. *The fruit Manual.* ROBERT HOGG.
The Fruits and the fruit-trees of America. DOWNING.

OBSERVATIONS. — M. Oberdieck dit que cette ancienne variété est probablement d'origine française, qu'elle porta d'abord le nom de Brignole violette et qu'elle fut ensuite ainsi appelée en l'honneur de Monsieur, duc d'Orléans, frère de Louis XIV. Ses synonymes sont nombreux, soit en Angleterre, soit aux Etats-Unis, et sont les suivants : Anglaise noire, Monsieur ordinaire, Prune d'Orléans, Red Damask, Orléans, Old Orléans, English Orléans, Late Monsieur, Common Orléans, Red Orléans. — L'arbre, de bonne vigueur, forme une tête élevée, compacte, à branches fastigiées et s'accommode assez bien des formes régulières. Sa fertilité se fait un peu attendre, mais elle devient ensuite bonne et soutenue. Son fruit est le plus souvent de bonne qualité, quoiqu'il n'ait pas toute la saveur de la prune Monsieur hâtif que nous avons déjà décrite dans le *Verger*.

DESCRIPTION.

Rameaux assez forts, un peu anguleux dans leur contour, droits, à entrenœuds assez courts, bruns du côté de l'ombre, d'un brun violet intense du côté du soleil, glabres sur toute leur longueur.

Boutons à bois assez gros, exactement coniques, courtement aigus, à direction écartée du rameau, soutenus sur des supports un peu saillants dont les côtés et l'arête médiane se prolongent plus ou moins distinctement ; écailles d'un marron rougeâtre assez peu foncé.

Pousses d'été d'un vert d'eau assez intense, colorées de rouge violet du côté du soleil et couvertes sur toute leur longueur d'un duvet très-court et peu adhérent.

Feuilles des pousses d'été moyennes, obovales-élargies, se terminant régulièrement en une pointe peu aiguë ou un peu obtuse, très-largement repliées sur leur nervure médiane et un peu arquées, bordées de dents profondes, souvent surdentées et obtuses, se recourbant un peu sur des pétioles longs, forts, roides, horizontaux, duveteux et munis de grosses glandes réniformes rougeâtres.

Stipules moyennes ou assez grandes, lancéolées, laciniées plutôt que dentées, profondément divisées à leur base en deux ou plusieurs lobes.

Boutons à fruit gros, ovo-ellipsoïdes, courtement aigus, réunis sur des dards courts et forts ; écailles d'un marron peu foncé.

Fleurs moyennes ou presque grandes ; pétales bien arrondis, bien concaves ; divisions du calice courtes, larges et arrondies à leur extrémité ; pédicelles courts et forts.

Feuilles des productions fruitières au moins moyennes, ovales-elliptiques ou un peu obovales, largement obtuses à leur extrémité, planes ou presque planes, bordées de dents fines, un peu profondes, un peu couchées et plus ou moins aiguës, soutenues sur des pétioles longs, peu forts et divergents.

Caractère saillant de l'arbre : teinte générale du feuillage d'un vert d'eau ombré d'une teinte ardoisée ; toutes les feuilles plus ou moins élargies et plus ou moins obtuses à leur extrémité ; tous les pétioles longs.

Fruit moyen ou assez gros, presque sphérique, assez largement tronqué à ses deux pôles, assez convexe par ses joues, presque également convexe par ses faces dont l'une à peine comprimée est traversée par un sillon peu prononcé.

Peau un peu ferme, d'abord d'un pourpre vineux peu foncé, puis passant à la maturité, milieu d'août, au pourpre plus intense et recouvert d'une fleur d'un violet rosat. Point pistillaire petit, jaunâtre ou rougeâtre, placé dans une dépression souvent assez profonde et bien évasée de manière à soutenir solidement le fruit par ses bords.

Queue courte, peu forte, attachée dans une cavité un peu large, profonde et souvent ouverte du côté du sillon.

Chair d'un blanc jaunâtre, peu fine, un peu ferme, suffisante en jus sucré, acidulé et plus ou moins relevé suivant le sol ou la saison.

Noyau un peu gros pour le volume du fruit, irrégulièrement ellipsoïde-élargi, échancré à son point d'attache à la queue, très-largement obtus à son autre extrémité surmontée d'une très-petite pointe, à joues peu bombées, traversées par des plis rudes au toucher, bien raboteuses et se détachant bien de la chair ; suture ventrale sillonnée seulement sur une partie de sa longueur, à peine crénelée par ses bords ; arête dorsale épaisse, bien saillante, tranchante sur presque toute sa longueur ; rainures latérales larges et peu profondes.

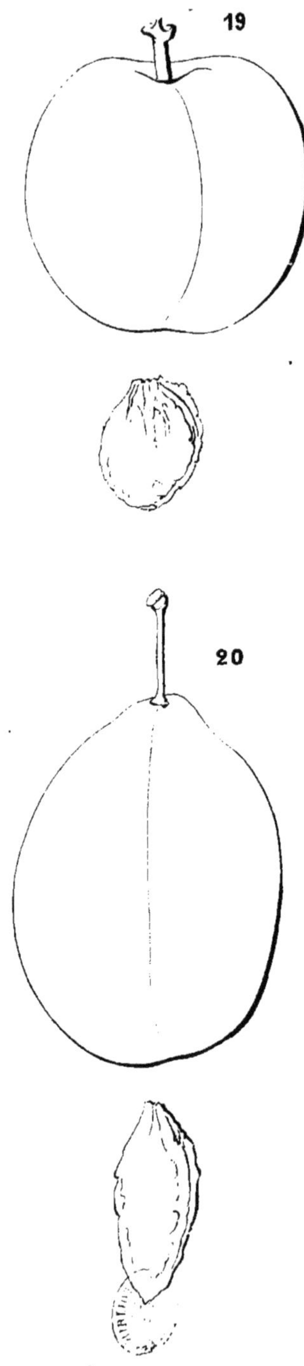

19 MONSIEUR. 20 ISLE-VERTE.

Peingeon del.

Imp. Gauthier frères, à Lons-le Saunier.

ISLE-VERTE. ILEVERT

(N° 20)

Traité des arbres fruitiers. Duhamel.
Pomologie. Jean Herman Knoop.
PRUNE ILEVERTE. *Nouveau traité des arbres fruitiers.* Loiseleur-Deslongchamps.
ILEVERT, GROSSE GRUNE PFLAUME. *Handbuch uber die Obstbaumzucht.* Christ.
GRUNE INSELPFLAUME. *Systematisches Handbuch der Obstkunde.* Dittrich.
INSELPFLAUME GRUNE. *Catalogue Jahn.* 1864.

Observations. — Cette variété est d'une origine ancienne et inconnue. — L'arbre, de vigueur normale, forme une tête conique-renversée, bien élargie, s'étendant au loin et un peu compacte. Sa fertilité, peu précoce, est grande les années de rapport, puis interrompue par des alternats complets. Son fruit mérite une meilleure réputation que celle qui lui a été faite par Duhamel : il est assez bon pour la table et toujours excellent pour les compôtes et les confitures.

DESCRIPTION.

Rameaux de moyenne force, obscurément anguleux dans leur contour, flexueux, à entre-nœuds longs, d'un rouge terne du côté de l'ombre, d'un rouge sanguin foncé et en partie voilé d'une pellicule brillante du côté du soleil, glabres sur toute leur longueur.

Boutons à bois gros, exactement coniques, aigus, à direction écartée du rameau, soutenus sur des supports saillants dont les côtés et l'arête médiane se prolongent assez distinctement ; écailles d'un marron rougeâtre foncé et terne.

Pousses d'été d'un vert d'eau, lavées de rouge vineux du côté du soleil et glabres sur toute leur longueur.

Feuilles des pousses d'été assez grandes, obovales, sensiblement et brusquement atténuées vers le pétiole, bien élargies et obtuses à leur extrémité, à peine repliées sur leur nervure médiane et convexes par leurs côtés, peu profondément et régulièrement crénelées, s'abaissant sur des pétioles très-longs, un peu forts et souples.

Stipules grandes, lancéolées-élargies et profondément dentées.

Boutons à fruit gros, conico-ovoïdes, allongés et aigus; écailles d'un marron rougeâtre foncé.

Fleurs très-petites; pétales elliptiques-arrondis, concaves, un peu lavés de jaune; divisions du calice elliptiques, étroites et presque aiguës à leur extrémité; pédicelles très-courts et peu forts.

Feuilles des productions fruitières petites, obovales, assez sensiblement et courtement atténuées vers le pétiole, largement obtuses à leur extrémité, planes ou même un peu convexes, bordées de dents très-fines, très-peu profondes et émoussées, soutenues sur des pétioles longs et grêles.

Caractère saillant de l'arbre: teinte générale du feuillage d'un vert pré vif et brillant; feuilles des pousses d'été remarquablement bullées dans leur surface et très-sensiblement obovales; tous les pétioles extraordinairement longs.

Fruit moyen ou assez gros, brusquement atténué en un petit mamelon du côté de la queue, très-largement obtus du côté du point pistillaire, très-largement convexe par ses joues, convexe-comprimé par ses faces dont l'une est traversée par un sillon indiqué seulement par un trait d'un vert foncé.

Peau ferme, résistante, d'abord d'un vert décidé, puis passant à la maturité, commencement de septembre, au vert jaunâtre parfois un peu lavé de rose du côté du soleil; une fleur blanche, très-fine, peu dense et peu adhérente recouvre sa surface. Point pistillaire vert, attaché dans un très-petit creux à l'extrémité du sillon.

Queue de moyenne longueur, attachée à fleur du petit mamelon qui surmonte le fruit.

Chair d'un vert clair, fine, serrée, consistante, abondante en jus doux, sucré et assez agréable.

Noyau proportionné au volume du fruit, ovo-ellipsoïde, bien allongé, un peu atténué et un peu échancré à son point d'attache à la queue, s'atténuant régulièrement à son autre extrémité en une pointe aiguë, à joues comprimées, imperceptiblement plissées vers le point d'attache, finement chagrinées et adhérant à la chair; suture ventrale très-étroitement et très-peu profondément sillonnée, peu profondément crénelée par ses bords; arête dorsale épaisse, non saillante, un peu tranchante vers le point d'attache, aplanie sur le reste de sa longueur; rainures latérales très-finement et très-peu profondément creusées, parfois peu appréciables.

GENTLEMAN

(N° 21)

Observations. — Cette variété est probablement d'origine Américaine. Je l'ai reçue de M. Downing et pourtant il n'en fait aucune mention dans son ouvrage sur les fruits d'Amérique. Est-elle d'obtention trop récente pour que sa description ait pu y être introduite? — L'arbre, de vigueur moyenne, forme une tête régulière, bien élargie, à branches étalées. Sa fertilité est précoce, bonne et soutenue. Son fruit de bonne qualité est supérieur à celui de la Royale hâtive et de Early prolific et mûrit à la même époque.

DESCRIPTION.

Rameaux assez peu forts, unis dans leur contour, presque droits, à entre-nœuds de moyenne longueur, d'un rouge vineux terne et en grande partie ombré de gris, couverts sur presque toute leur longueur d'un duvet grisâtre et extraordinairement court.

Boutons à bois petits, coniques, maigres et bien aigus, à direction parallèle au rameau, soutenus sur des supports saillants dont les côtés et l'arête médiane ne se prolongent pas ; écailles d'un marron rougeâtre peu foncé.

Pousses d'été d'un vert très-pâle, lavées d'un joli rouge rosat du côté du soleil et couvertes d'un duvet très-court et hérissé.

Feuilles des pousses d'été moyennes, ovales, se terminant, tantôt presque régulièrement, tantôt un peu brusquement en une pointe large et peu aiguë, bien creusées en gouttière et à peine arquées, souvent ondulées dans leur contour, largement et assez profondément crénelées et surcrénelées, soutenues à peu près horizontalement sur des pétioles de moyenne longueur, de moyenne force, peu redressés, colorés de rose et munis de deux glandes réniformes presque noires.

Stipules très-courtes, blanches et bien soyeuses.

Boutons à fruit petits, ovoïdes, courts et courtement aigus, réunis sur des dards très-courts et forts ; écailles d'un marron peu foncé.

Fleurs moyennes ; pétales elliptiques-élargis, peu concaves, se touchant entre eux ; divisions du calice assez courtes, bien atténuées et aiguës à leur extrémité ; pédicelles très-courts, forts et un peu duveteux.

Feuilles des productions fruitières petites, obovales, bien sensiblement atténuées vers le pétiole, se terminant très-brusquement en une pointe très-courte ou nulle, un peu concaves et à peine arquées, bordées de dents fines, un peu profondes et aiguës, assez peu soutenues sur des pétioles de moyenne longueur, de moyenne force, divergents et un peu souples.

Caractère saillant de l'arbre : teinte générale du feuillage d'un vert herbacé intense et terne ; pousses d'été lavées d'un joli rouge rosat ; les plus jeunes feuilles teintes d'un rouge vineux ; stipules remarquablement petites et soyeuses.

Fruit moyen, presque ellipsoïde, à peine un peu plus atténué du côté du point pistillaire, tronqué sur une très-petite étendue à son point d'attache à la queue, obtus à son autre extrémité, très-largement convexe par ses joues, également convexe par ses faces dont l'une à peine un peu plus saillante est traversée par un sillon très-peu prononcé.

Peau épaisse et ferme, d'abord d'un pourpre clair, puis passant à la maturité, fin de juillet et commencement d'août, au pourpre bien intense et recouvert d'une fleur bleue et abondante. Point pistillaire petit, blanchâtre, placé dans un petit creux formé par l'extrémité du sillon.

Queue courte, peu forte, attachée dans une cavité très-étroite, un peu profonde et dont les bords s'ouvrent souvent du côté du sillon.

Chair jaunâtre, assez fine, abondante en jus sucré, vineux, agréablement parfumé.

Noyau proportionné au volume du fruit, ovo-ellipsoïde, largement tronqué à son point d'attache à la queue, se terminant très-brusquement à son autre extrémité en une pointe très-petite et très-aiguë, à joues peu bombées, légèrement plissées vers le point d'attache, raboteuses et se détachant bien de la chair ; suture ventrale étroitement et assez peu profondément sillonnée, un peu crénelée par ses bords seulement sur la moitié de sa longueur ; arête dorsale un peu épaisse, saillante et tranchante seulement vers le point d'attache ; rainures latérales très-étroites et très-peu profondes.

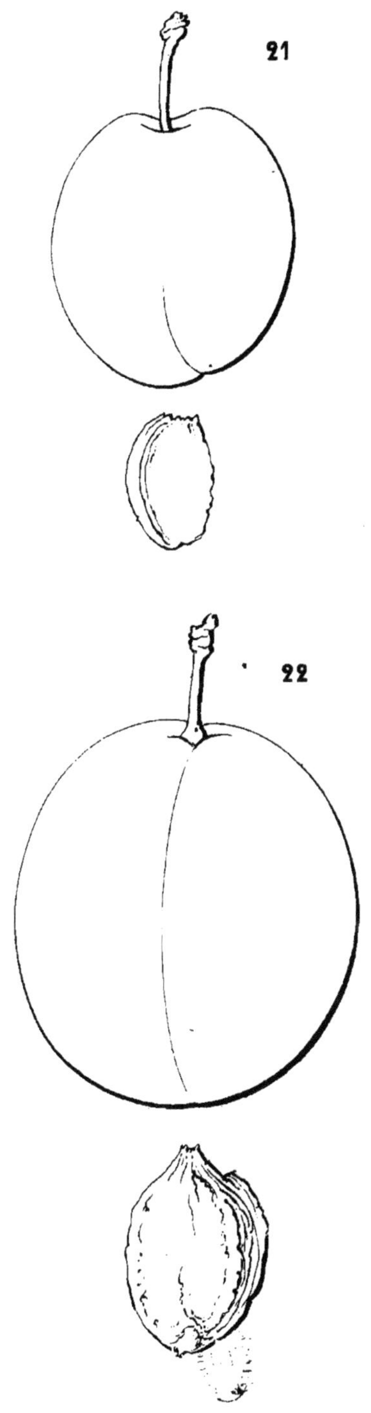

21 GENTLEMAN. 22 PRUNE DECAISNE.

Peingeon del.t *Imp Gauthier frères à Lons-le-Saunier. 6.*

PRUNE DECAISNE

(N° 22)

Revue horticole. Carrière. 1862.
Revue horticole. O. Thomas. 1871.
DECAISNES PFLAUME. *Catalogue Jahn.* 1864.

Observations. — Cette variété a été obtenue par MM. Jamin et Durand, de Bourg-la-Reine, d'un noyau de la Goutte d'or de Coë semé vers 1846 et dont le sujet rapporta pour la première fois en 1859. Elle fut dédiée à M. Decaisne qui a depuis pris rang parmi les principaux pomologistes français par la publication du *Jardin fruitier du Muséum.* M. Carrière fait un éloge de la saveur de son fruit auquel je ne puis m'associer qu'avec la réserve d'une grande inconstance dans sa qualité, car chez moi le plus souvent il est seulement bon aux usages de la cuisine. — L'arbre forme une tête élargie dont les branches d'abord érigées s'étendent ensuite au loin. Sa fertilité, peu précoce, est suffisante les années de rapport, puis interrompue par des alternats complets.

DESCRIPTION.

Rameaux assez grêles, un peu anguleux dans leur contour, à peine flexueux, à entre-nœuds courts, un peu jaunes du côté de l'ombre, d'un rouge sanguin clair et non recouvert d'une pellicule du côté du soleil, bien glabres sur toute leur longueur.

Boutons à bois assez petits, coniques-allongés, un peu maigres, émoussés ou peu aigus, à direction parallèle ou presque parallèle au rameau, soutenus sur des supports bien saillants dont l'arête médiane se prolonge assez distinctement ; écailles jaunâtres.

Pousses d'été d'un vert très-pâle, lavées de rouge clair du côté du soleil et glabres sur toute leur longueur.

Feuilles des pousses d'été petites, ovales bien élargies, se terminant un peu brusquement en une pointe large et assez courte, peu concaves, largement et un peu profondément crénelées, bien soutenues sur des pétioles de moyenne longueur, de moyenne force, redressés et presque glabres; deux très-petites glandes globuleuses vertes sont attachées à la base du limbe.

Stipules de moyenne longueur, lancéolées-étroites, le plus souvent une seule fois lobées à leur base.

Boutons à fruit petits, conico-ovoïdes, peu aigus, réunis sur des dards un peu courts et peu forts ; écailles d'un marron jaunâtre.

Fleurs grandes ; pétales elliptiques-arrondis, peu concaves, chiffonnés, profondément dentés à leur sommet; divisions du calice assez courtes, larges et bien obtuses ; pédicelles longs, grêles et glabres.

Feuilles des productions fruitières très-petites, obovales-elliptiques ou obovales un peu allongées, peu atténuées vers le pétiole et peu obtuses à leur extrémité, à peine concaves ou repliées sur leur nervure médiane, bordées de dents fines, peu profondes et émoussées, bien soutenues sur des pétioles courts et très-grêles.

Caractère saillant de l'arbre : teinte générale du feuillage d'un vert vif et gai; toutes les feuilles plus ou moins petites.

Fruit gros, obovo-ellipsoïde, à peine un peu plus atténué et bien obtus du côté de la queue, un peu moins atténué et tronqué sur une petite étendue du côté du point pistillaire, très-largement convexe par ses joues, également convexe par une de ses faces et un peu plus convexe par la face opposée traversée par un sillon très-peu prononcé, souvent seulement indiqué.

Peau un peu ferme, d'abord d'un vert très-clair, puis passant à la maturité, fin d'août, commencement de septembre, au vert jaunâtre, moucheté de blanc et recouvert d'une fleur d'un blanc verdâtre, fine, très-peu dense et peu adhérente. Point pistillaire roussâtre, attaché dans une petite dépression à l'extrémité du sillon.

Queue de moyenne longueur, grêle, attachée dans une cavité étroite et un peu profonde.

Chair d'un vert très-clair, transparente, un peu fibreuse et consistante, suffisante en eau douce, un peu sucrée et peu relevée.

Noyau gros pour le volume du fruit, obovoïde-élargi, courtement et sensiblement atténué, un peu tronqué et échancré à son point d'attache à la queue, largement obtus à son autre extrémité surmontée d'une très-petite pointe, à joues peu bombées, sensiblement plissées vers le point d'attache, raboteuses et se détachant parfaitement de la chair ; suture ventrale largement et profondément sillonnée, unie par ses bords ; arête dorsale épaisse, bien saillante, tranchante sur toute sa longueur ; rainures latérales très-finement et peu profondément creusées.

POURPRÉE IMPÉRIALE

(IMPERIAL PURPLE)

(N° 23)

The Fruits and the fruit-trees of America. DOWNING.

OBSERVATIONS. — M. Downing dit que cette variété, que je dois à son obligeance, a été obtenue par M. William Prince, de Flushing, Long Island. — L'arbre, d'une bonne vigueur, forme une tête robuste, conique-renversée, à branches érigées et un peu compacte. Il s'accommode facilement des formes régulières et surtout de celle de pyramide. Sa fertilité est précoce, grande et soutenue. Son fruit, de toute première qualité, présente les plus grands rapports de saveur avec la Reine-Claude violette, et quoique M. Downing annonce le contraire, j'ai toujours jusqu'à présent trouvé son noyau libre au milieu de sa chair.

DESCRIPTION.

Rameaux assez forts, unis dans leur contour, droits, à entre-nœuds courts, d'un brun jaunâtre à l'ombre, d'un beau rouge sanguin en grande partie voilé d'une pellicule gris de plomb du côté du soleil, glabres sur toute leur longueur.

Boutons à bois moyens ou assez gros, coniques, un peu courts, bien épaissis à leur base et un peu émoussés, à direction bien écartée du rameau, soutenus sur des supports très-saillants dont les côtés et l'arête médiane ne se prolongent pas ; écailles d'un marron rougeâtre très-foncé, presque noir et brillant.

Pousses d'été d'un vert un peu jaune, lavées d'un rouge vineux du côté du soleil et glabres sur toute leur longueur.

Feuilles des pousses d'été moyennes, elliptiques-élargies ou elliptiques-arrondies, se terminant régulièrement en une pointe très-courte ou nulle, un peu repliées sur leur nervure médiane et largement ondulées dans leur contour, bordées de dents larges, très-profondes, surdentées et obtuses, bien soutenues sur des pétioles courts, forts, redressés, glabres et munis de deux petites glandes globuleuses jaunes.

Stipules très-courtes, très-fines et très-caduques.

Boutons à fruit gros, conico-ovoïdes, un peu allongés et un peu aigus, réunis sur des dards assez courts et un peu forts ; écailles d'un marron foncé.

Fleurs grandes; pétales elliptiques-arrondis, concaves, se recouvrant entre eux ; divisions du calice de moyenne longueur, larges et bien obtuses ; pédicelles un peu longs, bien grêles et glabres.

Feuilles des productions fruitières petites, presque régulièrement elliptiques, largement obtuses à leur extrémité, planes ou presque planes, bordées de dents un peu profondes, couchées et aiguës, bien soutenues sur des pétioles courts, grêles et roides.

Caractère saillant de l'arbre: teinte générale du feuillage d'un vert herbacé peu intense et plus ou moins brillant ; toutes les feuilles tendant à la forme elliptique ; tous les pétioles courts.

Fruit moyen, ovoïde, un peu court, très-épais et assez largement tronqué à son point d'attache à la queue, s'atténuant sur ses faces comme sur ses joues pour se terminer en une pointe obtuse du côté du point pistillaire, peu convexe par ses joues, également convexe par une de ses faces et sensiblement plus convexe par la face opposée traversée par un sillon très-peu profond, seulement indiqué.

Peau un peu ferme, d'abord d'un vert intense taché et pointillé de pourpre, puis à la maturité, **fin d'août**, passant au pourpre intense pointillé de jaunâtre et recouvert d'une fleur bleue et peu épaisse. Point pistillaire blanchâtre, attaché presque à fleur du fruit à l'extrémité du sillon.

Queue de moyenne longueur, assez grêle, attachée dans une cavité étroite et un peu profonde.

Chair jaunâtre, un peu ferme, consistante, abondante en jus sucré, vineux et délicieusement parfumé.

Noyau proportionné au volume du fruit, ovoïde-élargi, à peine tronqué ou presque arrondi à son point d'attache à la queue, se terminant régulièrement à son autre extrémité en une point courte, à joues peu bombées, traversées sur toute leur hauteur par un pli prononcé, presque unies dans leur surface et se détachant bien de la chair ; suture ventrale très-étroitement et très-peu profondément sillonnée, unie par ses bords ; arête dorsale peu épaisse, un peu saillante, un peu tranchante sur la moitié de sa longueur ; rainures latérales finement et très-peu profondément creusées.

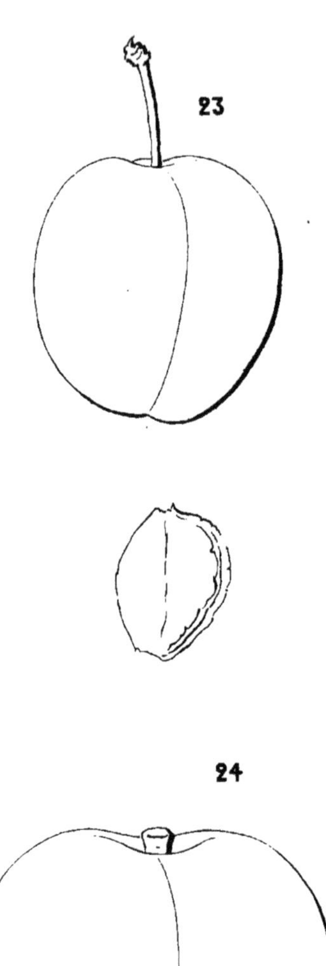

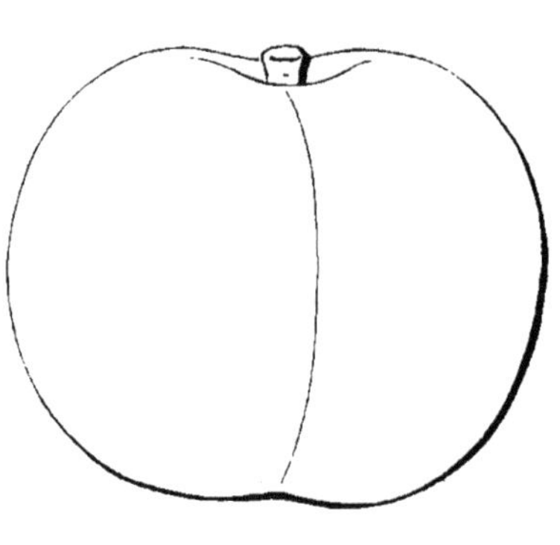

23 POURPRÉE IMPÉRIALE. 24 PRUNIER A FLEURS SEMI-DOUBLES.

Peingeon del.t — *Imp Gauthier frères. à Lons-le-Saunier, 6.*

PRUNIER A FLEURS SEMI-DOUBLES

(N° 24)

Traité des arbres fruitiers. DUHAMEL.
Nouveau traité des arbres fruitiers. LOISELEUR DESLONGCHAMPS.
Traité complet sur les pépinières. CALVEL.
PRUNE A FLEURS DOUBLES. *Pomologie.* JEAN HERMAN KNOOP.
REINE CLAUDE SEMI-DOUBLE. *Manuel complet du jardinier.* NOISETTE.
GELBE RENECLODE MIT GEFULLTER BLUTHE. *Systematisches Handbuch der Obstkunde.* DITTRICH.

OBSERVATIONS. — Cette variété a été probablement obtenue en France et assez anciennement. — L'arbre, d'une croissance vive dans sa jeunesse, forme une tête irrégulière et étendue dont les branches d'abord érigées s'étalent ensuite au loin. Sa fertilité est assez précoce, mais peu grande. Son fruit qui a des rapports de ressemblance avec la Reine-Claude ne l'égale pas par sa saveur et ne peut être considéré que comme de bonne qualité.

DESCRIPTION.

Rameaux assez forts, unis dans leur contour, presque droits, à entre-nœuds très-courts, bruns du côté de l'ombre, d'un rouge sanguin intense et vif du côté du soleil.

Boutons à bois très-gros, coniques, un peu longs, épais, courtement aigus, à direction parallèle au rameau, soutenus sur des supports saillants dont les côtés et l'arête médiane ne se prolongent pas ; écailles d'un marron rougeâtre foncé et peu brillant.

Pousses d'été d'un vert très-clair, lavées de rouge vineux du côté du soleil et glabres sur toute leur longueur.

Feuilles des pousses d'été assez grandes, obovales-élargies, très-peu atténuées du côté du pétiole et obtuses ou peu aiguës à leur autre extrémité, presque planes ou même parfois un peu convexes, finement et peu profondément crénelées et surcrénelées, bien soutenues sur des pétioles très-courts, très-forts, peu redressés et peu duveteux ; deux glandes vertes sont ordinairement attachées à la base du limbe.

Stipules très-caduques.

Boutons à fruit moyens, conico-ovoïdes, courts, aigus, réunis sur des dards courts et forts ; écailles d'un marron rougeâtre vif et un peu brillant.

Fleurs assez grandes ; pétales arrondis, concaves, assez nombreux ; divisions du calice courtes, obtuses à leur extrémité ; pédicelles courts, forts et glabres.

Feuilles des productions fruitières presque moyennes, bien régulièrement obovales, bien obtuses à leur extrémité, planes ou même un peu convexes, bordées de dents assez peu profondes, couchées et obtuses, bien soutenues sur des pétioles de moyenne longueur, forts et bien roides.

Caractère saillant de l'arbre: teinte générale du feuillage d'un vert bleu intense et brillant ; feuilles des pousses d'été remarquablement épaisses et bullées dans leur surface; tous les pétioles remarquablement forts.

Fruit gros ou assez gros, sphérico-cordiforme, largement tronqué et un peu échancré du côté de la queue, s'atténuant assez sensiblement pour se tronquer sur une assez petite étendue du côté du point pistillaire, bien convexe par ses joues, également convexe par ses faces, dont l'une, à peine comprimée, est traversée par un sillon étroit et peu profond, parfois seulement indiqué.

Peau assez mince et cependant un peu ferme, d'abord d'un vert très-clair, puis passant à la maturité, **fin d'août**, au vert jaunâtre, à peine lavé et parfois très-finement pointillé de pourpre du côté du soleil, recouvert d'une fleur d'un blanc verdâtre, très-peu dense et très-peu adhérente. Point pistillaire jaunâtre, large, attaché dans une cavité assez profonde et bien évasée.

Queue extraordinairement courte et forte, attachée dans une cavité large et bien profonde.

Chair d'un jaune verdâtre clair, tendre, fondante, ruisselante en jus sucré et agréablement parfumé.

Noyau petit pour le volume du fruit, ellipsoïde-court et peu épais, largement échancré à son point d'attache à la queue, largement obtus à son autre extrémité brusquement surmontée d'une très-petite pointe, à joues peu bombées, à peine plissées vers le point d'attache, finement raboteuses et adhérentes à la chair; suture ventrale largement et peu profondément sillonnée sur la moitié de sa longueur, fermée sur l'autre moitié ; arête dorsale bien épaisse, saillante et tranchante sur la plus grande partie de sa longueur ; rainures latérales étroites et bien creusées.

DE GISBORNE

(GISBORNE'S)

(N° 25)

The fruit Manual. ROBERT HOGG.
The Fruits and the fruit-trees of America. DOWNING.
GISBORNES ZWETSCHE. *Systematische Anleitung zur Kenntniss der Pflaumen.* LIEGEL.
Illustrirtes Handbuch der Obstkunde. OBERDIECK.

OBSERVATIONS. — Robert Hogg donne à cette variété, d'origine anglaise, les synonymes : Gisborne's Early, Paterson's. — L'arbre, de bonne vigueur, forme une tête conique renversée, à branches érigées. Sa fertilité est précoce et grande. Son fruit est surtout propre aux usages de la cuisine et à sécher.

DESCRIPTION.

Rameaux de moyenne force, anguleux dans leur contour, droits, à entre-nœuds assez courts, d'un brun jaunâtre du côté de l'ombre, d'un brun rougeâtre intense et en partie voilé d'une pellicule gris de plomb du côté du soleil, glabres sur toute leur longueur.

Boutons à bois moyens, coniques, finement aigus, à direction peu écartée du rameau, soutenus sur des supports bien saillants dont les côtés et l'arête médiane se prolongent distinctement ; écailles d'un marron rougeâtre terne.

Pousses d'été d'un vert intense, colorées de rouge sanguin du côté du soleil et glabres sur toute leur longueur.

Feuilles des pousses d'été moyennes ou assez grandes, obovales bien élargies, se terminant assez brusquement en une pointe un peu longue et large, le plus souvent convexes, bordées de dents larges, assez peu profondes, couchées et peu aiguës, se recourbant un peu sur des pétioles de moyenne longueur, de moyenne force, un peu colorés de rouge, à peine duveteux et peu redressés.

Stipules très-longues, lancéolées, profondément dentées et le plus souvent deux fois lobées à leur base.

Boutons à fruit assez petits, conico-ovoïdes, bien aigus, réunis sur des dards courts et un peu forts ; écailles d'un marron sombre et terne.

Fleurs très-petites ; pétales ovales-élargis, concaves, dentés à leur sommet ; divisions du calice très-étroites et obtuses ; pédicelles courts et extraordinairement grêles.

Feuilles des productions fruitières assez petites, obovales-allongées, bien atténuées vers le pétiole, obtuses à leur extrémité, planes ou à peine concaves, bordées de dents fines, très-peu profondes, bien couchées et peu aiguës, bien soutenues sur des pétioles courts et grêles.

Caractère saillant de l'arbre : teinte générale du feuillage d'un vert décidé et brillant ; toutes les feuilles si non pendantes, s'abaissant un peu sur leurs pétioles.

Fruit moyen, ovoïde, épais, assez sensiblement épaissi vers le milieu de sa hauteur, un peu atténué et assez largement tronqué à son point d'attache à la queue, s'atténuant plus sensiblement pour se terminer en une pointe peu obtuse du côté du point pistillaire, un peu convexe par ses joues, un peu moins convexe par ses faces dont l'une, un peu plus saillante, est traversée par un sillon très-peu prononcé, parfois seulement indiqué.

Peau un peu ferme, d'abord d'un vert clair et jaunâtre, puis passant à la maturité, fin d'août, au jaune doré, un peu taché et pointillé de rouge cerise du côté du soleil sur les fruits les mieux exposés et recouvert d'une fleur blanchâtre, très-fine et peu épaisse. Point pistillaire jaunâtre, très-petit, attaché à fleur de la pointe du fruit.

Queue de moyenne longueur, de moyenne force, attachée dans une cavité un peu large et profonde.

Chair d'un jaune vif, peu fine, un peu ferme, consistante, suffisante en jus sucré, acidulé et légèrement parfumé.

Noyau gros pour le volume du fruit, ovoïde-épais, un peu atténué et un peu tronqué à son point d'attache à la queue, un peu obtus à son autre extrémité brusquement surmontée d'une pointe fine et très-aiguë, à joues bien bombées, profondément et courtement plissées vers le point d'attache, un peu raboteuses et se détachant de la chair ; suture ventrale un peu largement et peu profondément sillonnée, crénelée par ses bords ; arête dorsale épaisse, non saillante, bien aplanie sur toute sa longueur ; rainures latérales très-étroites et très-peu profondes.

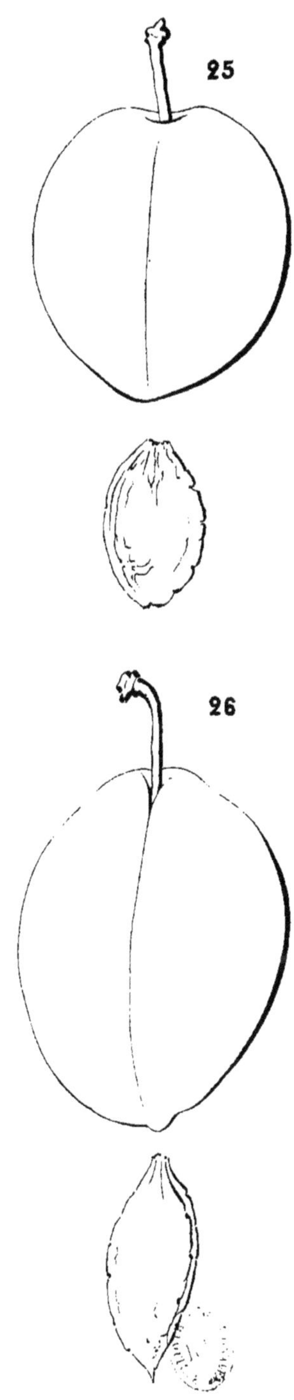

25 DE GISBORNE 26 QUETSCHE POINTUE.

Pergeon del. *Imp. Gauthier frères, à Lons-le-Sau*

QUESTCHE POINTUE

(SPITSZWETSCHE)

(N° 26)

Systematische Anleitung zur Kenntniss der Pflaumen. LIEGEL.
Illustrirtes Handbuch der Obstkunde. OBERDIECK.

OBSERVATIONS. — Liegel reçut cette variété, en 1816, de M. Grob, de Eichstaedt, en Bavière, et sous le nom de Quetsche de Province. — L'arbre, de bonne vigueur, forme une tête conique-renversée et peu compacte. Sa fertilité est assez précoce, grande et soutenue. Son fruit, de la plus jolie apparence, est de bonne qualité pour les usages de la cuisine et pour sécher.

DESCRIPTION.

Rameaux assez forts, bien allongés, bien fluets à leur partie supérieure, presque unis ou obscurément anguleux dans leur contour surtout vers leur sommet, bien droits, à entre-nœuds longs, d'un brun jaunâtre du côté de l'ombre, d'un brun violet en partie voilé d'une pellicule grise du côté du soleil, glabres sur toute leur longueur.

Boutons à bois gros, coniques-allongés, maigres et finement aigus, à direction parallèle ou presque parallèle au rameau, soutenus sur des supports saillants dont l'arête médiane ne se prolonge pas ou se prolonge obscurément ; écailles d'un marron rougeâtre foncé et terne.

Pousses d'été d'un vert très-clair, à peine lavées de rouge du côté du soleil et glabres sur toute leur longueur.

Feuilles des pousses d'été moyennes, ovales-arrondies, se terminant régulièrement en une pointe très-courtement aiguë, à peine repliées sur leur nervure médiane ou à peine concaves et souvent contournées sur leur longueur, largement et sensiblement ondulées dans leur contour, bien arquées, bordées de dents larges, assez profondes, tantôt obtuses, tantôt un peu aiguës, s'abaissant un peu sur des pétioles courts, de moyenne force, presque horizontaux et glabres ; deux glandes réniformes d'un vert clair sont attachées à la base du limbe.

Stipules de moyenne longueur, lancéolées, profondément dentées, divisées à leur base en deux lobes dont l'un est souvent denté.

Boutons à fruit assez petits, conico-ellipsoïdes, allongés et finement aigus, réunis sur des dards un peu longs, grêles et le plus souvent perpendiculaires au rameau; écailles d'un marron rougeâtre peu foncé.

Fleurs grandes; pétales obovales-élargis, largement arrondis à leur sommet, souvent réfléchis en dessous, écartés entre eux, peu concaves; divisions du calice de moyenne longueur, étroites et un peu obtuses à leur extrémité; pédicelles longs, très-grêles et glabres.

Feuilles des productions fruitières assez petites, obovales-élargies, courtement atténuées vers le pétiole et peu obtuses à leur extrémité, planes ou même le plus souvent un peu convexes, ondulées dans leur contour, bordées de dents fines, peu profondes, un peu recourbées et peu aiguës, soutenues sur des pétioles courts et très-grêles.

Caractère saillant de l'arbre : teinte générale du feuillage d'un vert décidé et plus ou moins brillant; feuilles des pousses d'été tourmentées dans leur surface et bien ondulées dans leur contour; feuilles des productions fruitières aussi ondulées mais moins sensiblement.

Fruit gros, ovoïde-allongé, obtus à son point d'attache à la queue, se terminant à son autre extrémité en une pointe bien aiguë, largement convexe par ses joues, un peu comprimé par ses faces dont l'une, traversée par un sillon large et profond, est bien plus comprimée du côté du point pistillaire que du côté de la queue.

Peau ferme, d'abord d'un pourpre clair, puis passant à la maturité, milieu et fin d'août, au pourpre plus intense et recouvert d'une fleur violette très-épaisse. Point pistillaire saillant sur la pointe du fruit.

Queue un peu longue, grêle, attachée dans une cavité très-étroite, profonde et bien ouverte du côté du sillon.

Chair jaunâtre, assez fine, un peu succulente et cependant bien abondante en jus sucré, acidulé et légèrement parfumé.

Noyau proportionné au volume du fruit, ovoïde très-allongé et étroit, bien atténué et presque aigu à son point d'attache à la queue, s'atténuant longuement et régulièrement à son autre extrémité en une pointe fine et très-aiguë, à joues un peu bombées, un peu plissées sur presque tout leur contour, peu raboteuses et adhérant entièrement à la chair; suture ventrale très-finement et peu profondément sillonnée, à peine crénelée par ses bords; arête dorsale un peu épaisse, non saillante, finement tranchante sur une partie de sa longueur; rainures latérales à peine appréciables, semblables à une ligne à peine creusée.

QUETSCHE PRÉCOCE DE LIEGEL

(LIEGELS FRUHZWETSCHE)

(N° 27)

Systematische Anleitung zur Kenntniss der Pflaumen. LIEGEL.
Illustrirtes Handbuch der Obstkunde. OBERDIECK.

OBSERVATIONS. — Cette variété fut remarquée par M. Liegel entre d'autres arbres de Quetsche, et M. Oberdieck dit que son fruit est à peine plus précoce que celui de la Quetsche commune. Jusqu'à présent, chez moi, il a toujours mûri quinze jours ou trois semaines plus tôt. Mon type de la Quetsche commune est-il le même que celui de M. Oberdieck? c'est douteux, car il doit exister bien des formes de cette Quetsche dont on a fait de nombreux semis depuis longtemps. J'ai aussi pu constater que la Quetsche précoce de Liegel est d'une qualité supérieure à celle de la Quetsche commune. — L'arbre, de vigueur moyenne, forme une tête élevée, à branches érigées et peu compacte. Sa fertilité est précoce et seulement moyenne.

DESCRIPTION.

Rameaux assez grêles, presque unis ou très-finement anguleux dans leur contour, à peine flexueux, à entre-nœuds courts ou très-courts, d'un brun rougeâtre en partie voilé d'une pellicule grise à leur partie inférieure, d'un rouge sanguin intense à leur partie supérieure, glabres sur toute leur longueur.

Boutons à bois assez petits, coniques, un peu épais, courtement aigus, à direction parallèle ou presque parallèle au rameau, soutenus sur des supports saillants dont les côtés et l'arête médiane ne se prolongent pas ou se prolongent très-finement ; écailles d'un marron rougeâtre intense et terne.

Pousses d'été d'un vert clair et vif, un peu lavées de rouge sanguin du côté du soleil et glabres sur toute leur longueur.

Feuilles des pousses d'été assez petites, obovales-élargies, se terminant brusquement en une pointe longue, étroite et finement aiguë, un peu concaves et à peine arquées, bordées de dents profondes, plusieurs fois et très-finement surdentées et aiguës, soutenues horizontalement sur des pétioles courts, peu forts, glabres et munis de deux petites glandes réniformes jaunes.

Stipules de moyenne longueur, lancéolées, finement et profondément dentées ou laciniées et deux fois lobées à leur base.

Boutons à fruit très-petits, conico-ovoïdes, aigus, réunis sur des dards courts et peu forts ; écailles d'un marron rougeâtre foncé.

Fleurs petites ; pétales ovales-elliptiques et allongés, peu concaves, un peu écartés entre eux, un peu teintés de jaune à leur sommet ; divisions du calice extraordinairement longues, étroites et aiguës ; pédicelles très-courts, très-grêles et glabres.

Feuilles des productions fruitières petites, obovales et peu allongées, sensiblement atténuées vers le pétiole et se terminant un peu brusquement en une pointe longue et aiguë, largement creusées en gouttière et peu concaves, bordées de dents fines, très-peu profondes et un peu aiguës, soutenues sur des pétioles courts, grêles et bien divergents.

Caractère saillant de l'arbre : feuilles des pousses d'été d'un vert pré peu brillant ; feuilles des productions fruitières d'un vert pré plus foncé et mat ; toutes les feuilles longuement et finement acuminées.

Fruit moyen, presque ellipsoïde, comprimé, s'atténuant parfois brusquement en un très-petit mamelon du côté de la queue, bien obtus du côté du point pistillaire, largement convexe par ses joues, bien comprimé par ses deux faces dont l'une est traversée par un sillon très-peu prononcé, souvent seulement indiqué.

Peau fine, mince, d'abord d'un pourpre intense, puis passant à la maturité, **fin d'août**, au pourpre presque noir et voilé d'une fleur bleue et épaisse. Point pistillaire rougeâtre, attaché à fleur de la pointe du fruit.

Queue assez courte ou de moyenne longueur, grêle, attachée presque à fleur du fruit dans une cavité peu appréciable.

Chair d'un vert jaunâtre, fine, serrée, bien consistante, abondante en jus sucré, vineux, acidulé, constituant un bon fruit à sécher.

Noyau un peu gros pour le volume du fruit, ovoïde un peu allongé et un peu comprimé, un peu tronqué à son point d'attache à la queue, se terminant régulièrement à son autre extrémité en une pointe courte et aiguë, à joues peu bombées, non plissées, assez raboteuses et ne se détachant pas très-bien de la chair ; suture ventrale très-étroitement et très-peu profondément sillonnée, finement crénelée par ses bords ; arête dorsale peu épaisse, peu saillante, peu tranchante à peu près sur la moitié de sa longueur ; rainures latérales très-finement creusées.

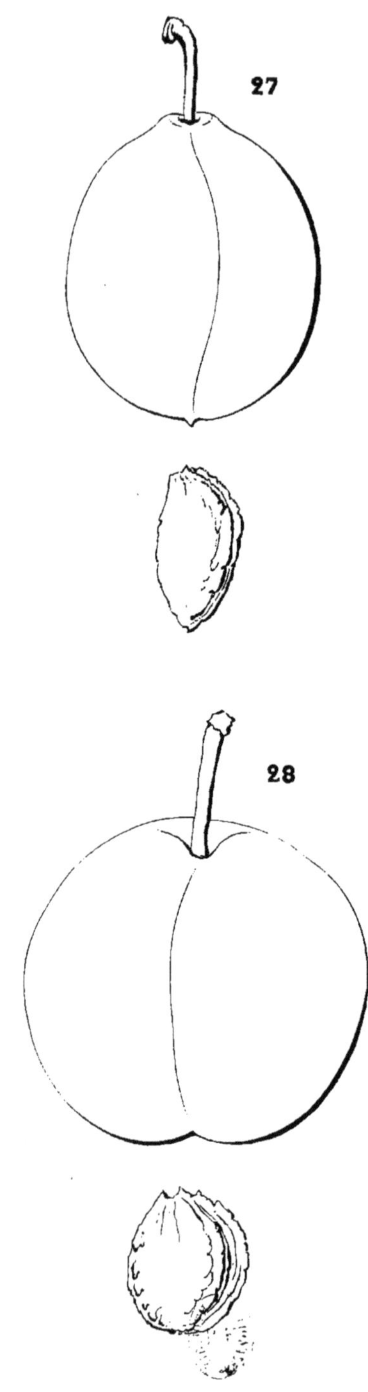

27 QUETSCHE PRÉCOCE DE LIEGEL. 28 VICTOIRE DE NELSON.

Peingeon del.t

Imp. Gauthier Frères, à Lons-le-Saunier.

VICTOIRE DE NELSON

(NELSON'S VICTORY)

(N° 28)

The fruit Manual. Robert Hogg.
The Fruits and the fruit-trees of America. Downing.
The american fruit Culturist. Thomas.

Observations. — Cette variété, d'après Robert Hogg, porte aussi le nom de Knevett's late Orléans ou Monsieur tardif de Knevett qu'elle reçut de celui de la personne qui l'a obtenue, et plus tard ce nom fut changé en celui que j'adopte et qui probablement lui fut donné en mémoire du célèbre amiral Nelson. — L'arbre, de vigueur moyenne, forme une tête conique-renversée, élargie et peu compacte. Sa fertilité, précoce et bonne, est interrompue par des alternats complets. Son fruit, le plus souvent bon, atteint aussi quelquefois la première qualité.

DESCRIPTION.

Rameaux de moyenne force, bien anguleux dans leur contour, droits, à entre-nœuds très-courts, d'un brun jaunâtre du côté de l'ombre, d'un brun rougeâtre du côté du soleil, glabres et luisants sur toute leur longueur.

Boutons à bois assez gros, coniques, bien épaissis à leur base et émoussés, parallèles ou presque parallèles au rameau, soutenus sur des supports très-saillants dont les côtés et l'arête médiane se prolongent bien distinctement; écailles d'un marron peu foncé et un peu brillant.

Pousses d'été d'un vert décidé à l'ombre, un peu lavées de rouge à leur sommet, couvertes à leur partie inférieure d'un duvet extraordinairement court et presque imperceptible, glabres sur le reste de leur longueur.

Feuilles des pousses d'été grandes, épaisses, ovales-elliptiques, se terminant un peu brusquement en une pointe courte, à peine concaves ou même souvent un peu convexes, largement crénelées et surcrénelées, se recourbant sur des pétioles un peu longs, forts, un peu souples, munis de deux glandes réniformes vertes.

Stipules de moyenne longueur, lancéolées, dentées, une fois lobées à leur base.

Boutons à fruit moyens, conico-ovoïdes, émoussés, réunis sur des dards assez courts et un peu forts; écailles d'un marron clair et peu brillant.

Fleurs moyennes; pétales bien arrondis, bien concaves, ne pouvant s'étaler, se recouvrant entre eux; divisions du calice larges et obtuses à leur extrémité; pédicelles de moyenne longueur, un peu forts et glabres.

Feuilles des productions fruitières plus petites que celles des pousses d'été, régulièrement elliptiques, obtuses à leur extrémité, le plus souvent convexes et un peu contournées par leur extrémité, bordées de dents fines, peu profondes et aiguës, s'abaissant sur des pétioles très-courts, peu forts et divergents.

Caractère saillant de l'arbre : teinte générale du feuillage d'un vert des plus intense et luisant; feuilles des pousses d'été d'une ampleur remarquable; toutes les feuilles épaisses et s'abaissant bien sur leurs pétioles.

Fruit moyen ou assez gros, sphérique déprimé à ses deux pôles, presque également atténué à ses deux extrémités, largement tronqué du côté de la queue et un peu moins largement du côté du point pistillaire, bien convexe par ses joues, également convexe par ses faces dont l'une est traversée par un sillon très-peu prononcé.

Peau un peu ferme, d'abord d'un pourpre rosat vif, puis à la maturité, commencement et milieu de septembre, passant au pourpre cerise intense et pointillé de blanc; une fleur bleue, bien fine et peu dense recouvre sa surface. Point pistillaire jaunâtre ou rougeâtre, attaché dans une dépression profonde et évasée.

Queue assez courte, forte, attachée dans une cavité profonde et évasée.

Chair jaune, fine, assez tendre, fondante à l'entière maturité, abondante en jus sucré et parfumé.

Noyau gros pour le volume du fruit, ellipsoïde, court et bien épais, échancré à son point d'attache à la queue, très-largement obtus à son autre extrémité surmontée d'une pointe peu appréciable, à joues bien bombées, à peine plissées, finement chagrinées et adhérant à la chair; suture ventrale un peu largement et peu profondément sillonnée, finement crénelée par ses bords; arête dorsale extraordinairement épaisse, saillante et tranchante sur toute sa longueur; rainures latérales étroites et bien creusées.

DAMAS JAUNE MUSQUÉ

(MUSKIRTE GELBE DAMASCENE)

(N° 29)

Handbuch uber die Obstbaumzucht. CHRIST.

OBSERVATIONS. — J'avais reçu cette variété sous le nom de Damas musqué qui appartient à une prune violette et je pensais qu'il y avait eu erreur dans sa dénomination, lorsque j'ai reconnu qu'elle était semblable au Damas jaune musqué de Christ. — L'arbre, de bonne vigueur, à branches érigées, forme une tète conique-renversée, régulière et un peu compacte. Sa fertilité est très-précoce et grande. Son fruit, de bonne qualité, se distingue par la saveur qui lui a mérité son nom.

DESCRIPTION.

Rameaux de moyenne force, obscurément anguleux dans leur contour, un peu flexueux, à entre-nœuds courts, d'un rouge sanguin vif du côté de l'ombre et à leur partie supérieure, d'un brun rougeâtre intense et en partie voilé d'une pellicule gris de plomb du côté du soleil, glabres sur toute leur longueur.

Boutons à bois moyens, coniques un peu épais, aigus, à direction parallèle ou presque parallèle au rameau, soutenus sur des supports bien saillants dont les côtés et l'arête médiane se prolongent peu distinctement : écailles d'un marron rougeâtre peu foncé et peu brillant.

Pousses d'été d'un vert d'eau, lavées de rose du côté du soleil et glabres sur toute leur longueur.

Feuilles des pousses d'été petites, elliptiques ou elliptiques-arrondies, se terminant en une pointe large et très-courte, presque planes et souvent largement ondulées dans leur contour, bordées de dents largês, peu profondes, surdentées et obtuses, bien soutenues sur des pétioles très-courts, peu forts, glabres et redressés ; deux glandes globuleuses vertes sont ordinairement attachées à la base du limbe.

Stipules très-courtes, lancéolées, laciniées plutôt que dentées et au moins deux fois lobées à leur base.

Boutons à fruit petits, conico-ovoïdes, aigus, réunis sur des dards assez courts et peu forts ; écailles d'un marron rougeâtre peu foncé et terne.

Fleurs grandes, bien blanches ; pétales arrondis-élargis, bien concaves ; divisions du calice ovales, se terminant brusquement en une petite pointe à peine appréciable ; pédicelles courts, forts et glabres.

Feuilles des productions fruitières assez petites, régulièrement ovales, peu obtuses à leur extrémité, planes, bordées de dents fines, peu profondes, bien couchées et un peu aiguës, soutenues sur des pétioles de moyenne longueur et de moyenne force.

Caractère saillant de l'arbre : teinte générale du feuillage d'un vert bleu un peu intense et mat ; toutes les feuilles plus ou moins courtes et plus ou moins élargies, planes ou presque planes, garnies d'une serrature peu profonde.

Fruit moyen, ovoïde ou ovo-ellipsoïde, peu tronqué du côté de la queue et s'atténuant plus ou moins pour se terminer en une pointe plus ou moins obtuse du côté du point pistillaire, peu convexe par ses joues, également convexe par une de ses faces traversée par un sillon très-peu prononcé ou souvent seulement indiqué, un peu plus convexe par la face opposée.

Peau très-fine, mince, souple, se détachant de la chair à l'entière maturité, d'abord d'un vert très-pâle, puis à la maturité, milieu d'août, passant au jaune très-clair et recouvert d'une fleur peu épaisse, d'un blanc verdâtre. Point pistillaire jaunâtre, placé à fleur de la pointe du fruit à l'extrémité du sillon.

Queue longue, grêle, attachée dans une cavité étroite et un peu profonde.

Chair d'un jaune clair et vif, tendre et cependant consistante, suffisante en jus doux, sucré, relevé d'un léger parfum de musc.

Noyau proportionné au volume du fruit, ovoïde un peu élargi, peu tronqué ou un peu échancré à son point d'attache à la queue, s'atténuant régulièrement à son autre extrémité en une pointe peu aiguë, à joues peu bombées, finement plissées vers le point d'attache, peu raboteuses, se détachant parfaitement de la chair ; suture ventrale largement sillonnée, parfois fermée sur une partie de sa longueur, presque unie par ses bords ; arête dorsale épaisse, saillante et tranchante seulement sur une partie de sa longueur ; rainures latérales très-fines.

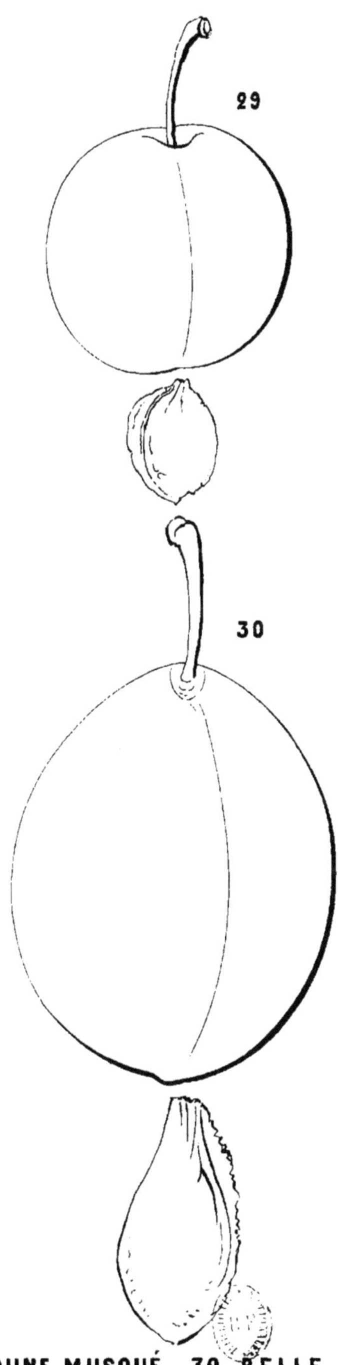

29 DAMAS JAUNE MUSQUÉ. 30 BELLE DE LOUVAIN.

Peingeon del^t

Imp Gauthier frères, à Lons-le-Saut

BELLE DE LOUVAIN

(N° 30)

Album de pomologie. Bivort.
The Fruits and the fruit-trees of America. Downing.
SCHÖNE VON LÖVEN. *Illustrirtes Handbuch der Obstkunde.* Oberdieck.

Observations. — Bivort, qui publia le premier cette variété, dit que l'origine lui en est inconnue. Il la trouva en 1845 dans la pépinière du professeur Van Mons, à Louvain, où elle portait le numéro 6,011, et ajoute : provient-elle de ses semis ou l'avait-il reçue de ses nombreux correspondants? — L'arbre, de bonne vigueur, forme une tête élevée, conique-renversée et compacte. Sa fertilité assez précoce est seulement moyenne et sujette à des alternats complets. Son fruit, de la plus grande beauté, est aussi de bonne qualité.

DESCRIPTION.

Rameaux de moyenne force, anguleux dans leur contour, à peine flexueux, à entre-nœuds de moyenne longueur, d'un rouge sanguin intense et glabres sur toute leur longueur.

Boutons à bois assez gros, coniques-allongés et finement aigus, à direction parallèle ou presque parallèle au rameau, soutenus sur des supports saillants dont l'arête médiane se prolonge distinctement; écailles d'un marron rougeâtre très-foncé, presque noir.

Pousses d'été d'un vert très-clair, lavées de rouge violet à leur base et entièrement glabres sur toute leur longueur.

Feuilles des pousses d'été grandes, obovales-élargies, se terminant un peu brusquement en une pointe longue, large et courtement aiguë, un peu concaves et souvent un peu convexes sur leur nervure médiane, bordées de dents larges, très-profondes et courtement aiguës, s'abaissant sur des pétioles de moyenne longueur, assez forts, glabres et presque horizontaux; deux glandes globuleuses vertes sont attachées à la base du limbe.

Stipules courtes, fines, d'un vert clair, lancéolées, finement dentées et lobées à leur base.

Boutons à fruit moyens, conico-ovoïdes, allongés et finement aigus ; écailles d'un marron foncé.

Fleurs moyennes ou assez grandes ; pétales ovales-elliptiques, concaves, un peu tachés de jaune à leur sommet, se recouvrant un peu entre eux ; divisions du calice un peu longues, un peu atténuées et peu obtuses à leur extrémité ; pédicelles de moyenne longueur, grêles et glabres.

Feuilles des productions fruitières assez grandes, obovales, se terminant régulièrement en une pointe obtuse, planes et ondulées dans leur contour, bordées de dents un peu larges, un peu profondes et peu aiguës, mal soutenues sur des pétioles de moyenne longueur, de moyenne force et souples.

Caractère saillant de l'arbre : teinte générale du feuillage d'un vert bleu intense et un peu brillant ; toutes les feuilles d'une ampleur remarquable, presque planes ou même un peu convexes sur leur nervure médiane.

Fruit gros ou très-gros, obovoïde, bien atténué et se terminant en une pointe aiguë du côté de la queue, largement obtus du côté du point pistillaire, largement convexe par ses joues, bien comprimé sur une de ses faces partagée en deux parties peu inégales par un sillon large et profond, largement convexe par la face opposée.

Peau fine, très-mince, se détachant très-bien de la chair, d'abord d'un pourpre vif, puis passant à la maturité, milieu et fin d'août, au pourpre violet intense et recouvert d'une fleur bleue. Point pistillaire jaunâtre, parfois un peu saillant sur une petite excroissance charnue qui termine le fruit.

Queue longue, forte, d'un vert clair, souvent un peu courbée et épaissie à son point d'attache au rameau, insérée dans une cavité très-étroite et souvent un peu ouverte du côté du sillon.

Chair jaunâtre, souvent un peu teintée de rouge du côté du soleil, demi-fine, fondante, abondante en jus sucré et assez agréablement parfumé.

Noyau proportionné au volume du fruit, exactement ovoïde, régulièrement et longuement atténué et un peu tronqué à son point d'attache à la queue, largement arrondi à son autre extrémité brusquement surmontée d'une très-petite pointe, à joues peu bombées, bien raboteuses, un peu plissées vers le point d'attache et sur les bords de la suture ventrale, adhérant à la chair ; suture ventrale étroitement et peu profondément sillonnée, grossièrement crénelée par ses bords ; arête dorsale saillante par une lamelle très-mince et très-tranchante, accompagnée de rainures latérales larges et assez profondes.

PRUNE CIRE

(WAX)

(N° 31)

The Fruits and the fruit-trees of America. DOWNING.
The american fruit Culturist. THOMAS.

OBSERVATIONS. — Cette variété, d'après Downing, aurait été obtenue par Elisha Dorr, Albany, New-York. Elle tient probablement son nom de l'apparence de son fruit. — L'arbre, de vigueur moyenne, par sa végétation un peu capricieuse ne s'accommode pas des formes régulières. Sa fertilité est précoce et bonne. Son fruit est joli et de bonne qualité.

DESCRIPTION.

Rameaux forts, allongés, finement anguleux dans leur contour, bien droits, à entre-nœuds de moyenne longueur, d'un beau rouge vineux brillant, en partie voilés d'une pellicule gris de plomb à leur base.

Boutons à bois assez gros, coniques un peu allongés, bien finement aigus, à direction parallèle au rameau, soutenus sur des supports peu saillants dont l'arête médiane se prolonge finement et vivement; écailles d'un marron rougeâtre foncé et un peu brillant.

Pousses d'été d'un vert pâle, lavées de rouge vineux du côté du soleil et glabres sur toute leur longueur.

Feuilles des pousses d'été moyennes, ovales-elliptiques, se terminant un peu brusquement en une pointe un peu longue et large, à peine concaves, ondulées dans leur contour, bordées de dents assez fines, un peu profondes, souvent finement surdentées et un peu aiguës, bien soutenues sur des pétioles courts, forts, presque horizontaux, glabres et munis de deux glandes réniformes jaunes.

Stipules assez longues, bien vertes, lancéolées, finement dentées, une fois et profondément lobées à leur base.

Boutons à fruit assez petits, conico-ovoïdes, finement aigus, réunis sur des dards assez courts et peu forts; écailles d'un marron rougeâtre intense et peu brillant.

Fleurs petites ou assez petites ; pétales elliptiques ou elliptiques-arrondis, peu concaves, peu écartés entre eux, à peine teintés de jaune à leur sommet ; divisions du calice courtes, peu atténuées et bien obtuses à leur extrémité ; pédicelles assez courts et un peu grêles.

Feuilles des productions fruitières petites, obovales-allongées, très-brusquement et très-courtement atténuées vers le pétiole, un peu aiguës ou peu obtuses à leur extrémité, planes ou presque planes, bordées de dents très-larges, peu profondes, couchées et émoussées, soutenues sur des pétioles très-courts et très-grêles.

Caractère saillant de l'arbre : teinte générale du feuillage d'un vert herbacé, un peu intense et mat ; la plupart des feuilles planes ou presque planes ; tous les pétioles courts.

Fruit moyen, sphérico-ellipsoïde, à peine un peu plus atténué et largement obtus du côté de la queue, un peu moins atténué et un peu tronqué du côté du point pistillaire, un peu convexe par ses joues, également convexe par ses faces dont l'une est traversée par un sillon étroit et très-peu creusé.

Peau mince et cependant un peu ferme, d'abord d'un vert pâle, puis passant à la maturité, milieu et fin d'août, au jaune clair, bien doré, lavé et taché de rose du côté du soleil ; une fleur blanche, très-fine et très-légère, voile sa surface. Point pistillaire jaunâtre, attaché dans une petite dépression à l'extrémité du sillon.

Queue longue, grêle, attachée à fleur du fruit.

Chair jaune, un peu ferme, consistante, suffisante en jus bien sucré et relevé d'une saveur abricotée.

Noyau proportionné au volume du fruit, obovoïde, sensiblement atténué et presque aigu à son point d'attache à la queue, très-largement obtus à son autre extrémité surmontée d'une pointe peu appréciable, à joues bien bombées, bien finement plissées vers le point d'attache, finement chagrinées et adhérant à la chair ; suture ventrale assez largement et peu profondément sillonnée, obscurément crénelée par ses bords ; arête dorsale bien épaisse, saillante, un peu tranchante vers le point d'attache, bien aplanie sur le reste de sa longueur ; rainures latérales finement et peu profondément creusées.

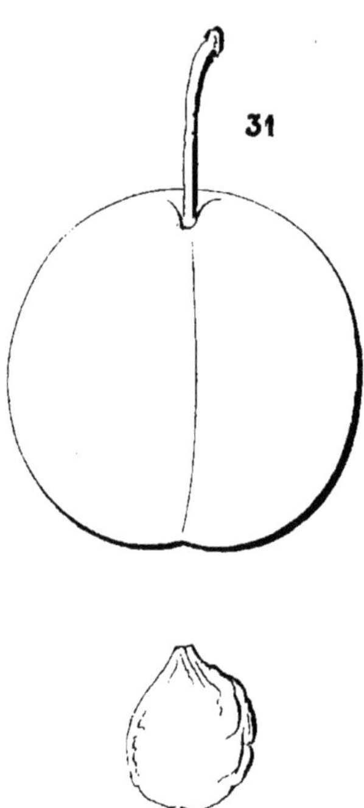

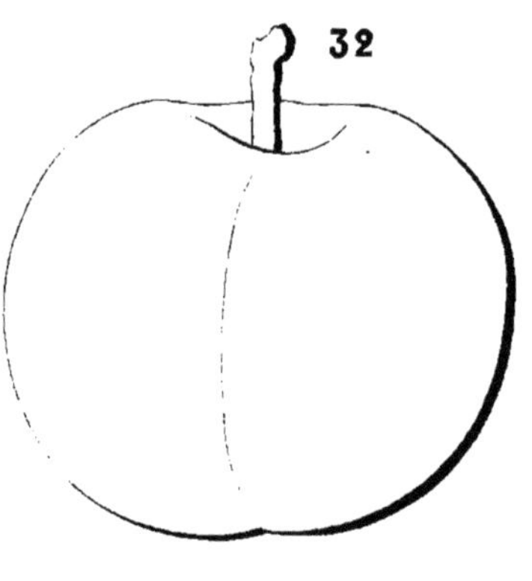

31 PRUNE CIRE. 32 PROCUREUR.

Peingeon del^t

Imp. Gauthier frères, à Lons-le-Saun.

PROCUREUR

(N° 32)

Systematische Anleitung zur Kenntniss der Pflaumen. LIEGEL.
Illustrirtes Handbuch der Obstkunde. OBERDIECK.

OBSERVATIONS. — Liegel reçut ce fruit de M. Dochnal qui lui donne aussi, dans son *Guide*, le nom de Platte Hellrothe Konigspflaume (Royale plate rouge clair), et l'indique comme d'origine française. — L'arbre, de vigueur moyenne, par sa végétation irrégulière, se prête peu aux formes soumises à la taille. Sa haute tige, d'une croissance d'abord vive, est bientôt contenue dans son essor et n'atteint qu'une petite dimension. Sa fertilité est précoce et assez bonne. Son fruit, de bonne qualité, se recommande aussi par sa jolie apparence.

DESCRIPTION.

Rameaux peu forts, très-finement anguleux ou presque unis dans leur contour, droits, à entre-nœuds très-courts, d'un vert jaunâtre du côté de l'ombre, d'un rouge lie de vin intense du côté du soleil et un peu voilé d'une pellicule, glabres sur une partie de leur longueur, très-finement duveteux à leur partie supérieure.

Boutons à bois très-petits, coniques, courts, un peu épais, courtement aigus, à direction peu écartée du rameau, soutenus sur des supports saillants dont les côtés et l'arête médiane se prolongent très-peu distinctement; écailles d'un marron rougeâtre foncé et un peu brillant.

Pousses d'été d'un vert clair, lavées de rouge sanguin du côté du soleil et glabres sur presque toute leur longueur.

Feuilles des pousses d'été assez petites, ovales-elliptiques, se terminant régulièrement en une pointe peu aiguë, convexes, peu profondément crénelées plutôt que dentées, bien soutenues sur des pétioles courts, grêles, redressés, glabres et munis de deux petites glandes globuleuses d'un vert clair.

Stipules courtes, lancéolées et extraordinairement élargies, souvent plusieurs fois lobées à leur base.

Boutons à fruit très-petits, conico-ovoïdes, courts et courtement aigus, réunis sur des dards peu longs et un peu forts; écailles d'un marron foncé et terne.

Fleurs grandes ou assez grandes; pétales arrondis-élargis, peu concaves, se recouvrant bien entre eux; divisions du calice assez courtes, larges, à peine atténuées et bien obtuses à leur extrémité; pédicelles très-courts et forts.

Feuilles des productions fruitières petites, obovales-élargies, très-peu sensiblement atténuées vers le pétiole, largement obtuses à leur extrémité, largement creusées en gouttière et un peu arquées, finement et peu profondément crénelées plutôt que dentées, soutenues sur des pétioles courts, forts et divergents.

Caractère saillant de l'arbre : teinte générale du feuillage d'un vert bleu un peu intense et peu brillant; toutes les feuilles plus ou moins finement et peu profondément crénelées.

Fruit assez gros, sphérique bien déprimé à ses deux pôles, ressemblant à une petite pomme, très-largement tronqué du côté de la queue et tronqué sur une moindre étendue du côté du point pistillaire, bien convexe par ses joues, également convexe par ses faces dont l'une un peu comprimée est traversée par un sillon bien indiqué et un peu évasé par ses bords.

Peau un peu ferme, d'abord d'un vert pâle, puis passant à la maturité, fin d'août, au jaune mat largement ou presque entièrement recouvert d'un pourpre clair: une fleur fine, peu dense, de couleur lilas, voile toute sa surface. Point pistillaire très-petit, peu appréciable, enfoncé dans une cavité large, profonde, bien évasée et sur les bords de laquelle le fruit est très-largement assis.

Queue courte, un peu forte, attachée dans une cavité très-profonde et bien évasée.

Chair d'un jaune pâle, fine, un peu consistante, suffisante en jus doux, sucré et délicatement parfumé.

Noyau petit pour le volume du fruit, irrégulièrement ellipsoïde, se terminant très-brusquement en une très-petite pointe déjetée de côté à son point d'attache à la queue, très-largement obtus ou comme tronqué à son autre extrémité, à joues un peu bombées, à peine plissées, chagrinées et se détachant de la chair ; suture ventrale très-étroitement et très-profondément sillonnée, unie par ses bords; arête dorsale très-épaisse, saillante et très-largement aplanie; rainures latérales le plus souvent à peine appréciables.

DE MITCHELSON

(MITCHELSON'S)

(N° 33)

The fruit Manual. ROBERT HOGG.
The Fruits and the fruit-trees of America. DOWNING.

OBSERVATIONS. — Cette variété a été obtenue, en Angleterre, par M. Mitchelson. — L'arbre, de bonne vigueur, pourrait, par sa végétation, s'accommoder des formes régulières. Abandonné à lui-même, il forme une tête élevée et peu compacte. Il est rustique, d'une fertilité précoce et extraordinaire. Son fruit, bon pour la table, est aussi excellent à sécher.

DESCRIPTION.

Rameaux forts, unis ou à peine anguleux dans leur contour, bien droits, d'un rouge sanguin à leur partie supérieure, d'un brun verdâtre voilé par une pellicule fendillée à leur partie inférieure, glabres sur toute leur longueur.

Boutons à bois très-petits, coniques, courts et très-finement aigus, à direction peu écartée du rameau, soutenus sur des supports saillants dont les côtés et l'arête médiane ne se prolongent pas ou très-peu distinctement; écailles d'un marron rougeâtre un peu brillant.

Pousses d'été d'un vert d'eau lavé de rouge violet du côté du soleil et glabres sur toute leur longueur.

Feuilles des pousses d'été assez petites, ovales-elliptiques, se terminant presque régulièrement en une pointe aiguë, à peine repliées sur leur nervure médiane ou à peine arquées, finement et peu profondément crénelées et surcrénelées, soutenues à peu près horizontalement sur des pétioles courts, peu forts, presque horizontaux; deux petites glandes globuleuses sont ordinairement attachées à la base du limbe.

Stipules courtes, finement lancéolées et peu profondément lobées à leur base.

Boutons à fruit petits, conico-ovoïdes, finement aigus, réunis sur des dards un peu longs et grêles; écailles d'un marron rougeâtre peu foncé et terne.

Fleurs petites; pétales elliptiques-arrondis, bien concaves, se recouvrant un peu entre eux; divisions du calice de moyenne longueur, peu larges, un peu atténuées, peu obtuses ou presque aiguës à leur extrémité; pédicelles courts et assez grêles.

Feuilles des productions fruitières petites, obovales bien élargies, très-brusquement et très-courtement atténuées vers le pétiole, le plus souvent convexes, bordées de dents fines, un peu profondes, recourbées et plus ou moins aiguës, soutenues sur des pétioles courts et très-grêles.

Caractère saillant de l'arbre: teinte générale du feuillage d'un vert herbacé mat; toutes les feuilles plus ou moins petites; tous les pétioles courts, peu forts ou grêles.

Fruit moyen ou presque moyen, presque exactement ellipsoïde, à peine tronqué à son point d'attache à la queue, à peine un peu plus atténué et bien obtus du côté du point pistillaire, largement convexe par ses joues, bien également convexe par ses faces, sans qu'il soit possible de reconnaître sur l'une d'elles la trace d'un sillon.

Peau ferme, d'abord d'un pourpre assez intense, puis passant à la maturité, commencement de septembre, au pourpre noir pointillé de blanchâtre ou de jaunâtre et recouvert d'une fleur assez dense et adhérente. Point pistillaire rose, très-petit, attaché à fleur du fruit.

Queue de moyenne longueur et de moyenne force, attachée dans une cavité étroite et un peu profonde.

Chair jaune, un peu consistante, assez fondante, abondante en jus sucré, vineux et relevé.

Noyau petit pour le volume du fruit, ovoïde, peu atténué et peu tronqué à son point d'attache à la queue, se terminant régulièrement à son autre extrémité en une pointe très-courte, à joues assez peu bombées, une fois et sensiblement plissées vers le point d'attache, finement chagrinées, se détachant de la chair; suture ventrale très-étroitement et peu profondément sillonnée, très-finement crénelée par ses bords; arête dorsale un peu épaisse, un peu saillante, très-finement tranchante sur toute sa longueur; rainures latérales étroites et bien creusées.

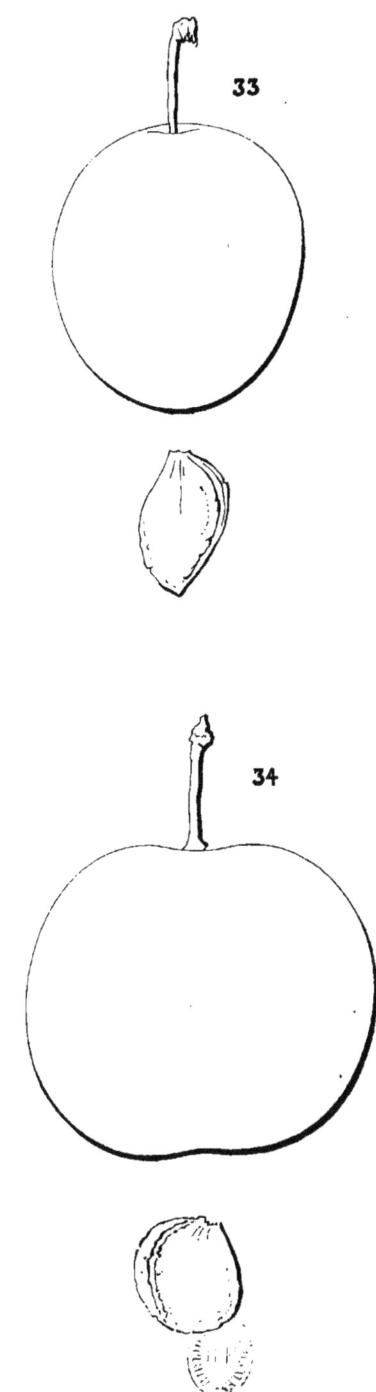

33 DE MITCHELSON. 34 REINE-CLAUDE AZURÉE.

Peingeon del^t — *Imp Gauthier frères, à Lons-le-Saun*

REINE-CLAUDE AZURÉE

(N° 34)

Inédite.

Observations. — Cette variété est née dans mon jardin. Le pied-mère avait été greffé de l'Abricot du Clos, de M. Luizet. Un rejeton s'élança dans une touffe de groseillier peu éloignée, crut vivement, avant que l'on songea à se débarrasser de ce parasiste. Il devint un jeune arbre et ses fleurs promettant une récolte prochaine, on l'attendit pour en connaître la valeur. Le fruit fut vraiment remarquable par sa belle couleur et par sa qualité et reçut le nom de Reine-Claude azurée, comme lui convenant très-bien pour sa forme et sa couleur; il a aussi de grands rapports dans sa saveur avec la Reine-Claude violette qu'il surpasse par sa beauté. —L'arbre, de bonne vigueur, forme une tête sphérique, régulière, peu compacte. Sa fertilité s'annonce comme devant être moyenne. Croyant qu'il y a un réel avantage à multiplier cette variété, je suis tout disposé à en adresser des greffes aux pépiniéristes qui voudront la propager.

DESCRIPTION.

Rameaux de moyenne force, presque unis dans leur contour, à peine flexueux, à entre-nœuds assez longs, jaunâtres du côté de l'ombre, d'un brun rougeâtre en partie voilé d'une pellicule mince du côté du soleil, un peu duveteux sur toute leur longueur.

Boutons à bois très-petits, coniques, courts et peu aigus, presque appliqués au rameau, soutenus sur des supports bien saillants dont l'arête médiane se prolonge très-peu distinctement ; écailles d'un marron rougeâtre terne.

Pousses d'été d'un vert très-clair, lavées de rouge brun du côté du soleil, couvertes d'un duvet un peu long et hérissé.

Feuilles des pousses d'été grandes, ovales-elliptiques, se terminant un peu brusquement en une pointe un peu longue et bien aiguë, le plus souvent convexes, bordées de dents larges, un peu profondes, souvent surdentées et obtuses, bien soutenues sur des pétioles courts, forts, redressés et munis de deux très-grosses glandes globuleuses jaunes.

Stipules de moyenne longueur, lancéolées, très-caduques.

Boutons à fruit très-petits, conico-ovoïdes, bien aigus, peu nombreux sur des dards peu longs et grêles; écailles d'un marron clair et terne.

Fleurs moyennes ou assez petites; pétales elliptiques-arrondis, un peu concaves, un peu écartés entre eux; divisions du calice de moyenne longueur, bien atténuées, aiguës ou presque aiguës à leur extrémité; pédicelles de moyenne longueur et de moyenne force.

Feuilles des productions fruitières moyennes, obovales ou obovales-elliptiques, sensiblement et assez courtement atténuées vers le pétiole, aiguës ou presque aiguës à leur extrémité, convexes, bordées de dents larges, très-peu profondes, bien couchées et émoussées, soutenues sur des pétioles de moyenne longueur et forts.

Caractère saillant de l'arbre: teinte générale du feuillage d'un vert d'eau vif et brillant; toutes les feuilles plus ou moins convexes; tous les pétioles forts.

Fruit moyen, presque sphérique, largement arrondi et déprimé du côté de la queue, un peu plus atténué et tronqué du côté du point pistillaire, bien convexe par ses joues, bien également convexe par ses faces dont l'une est traversée par un sillon seulement indiqué par la ligne de suture.

Peau fine, mince, d'abord d'un vert d'eau terne, puis passant à la maturité, fin d'août, au pourpre très-intense presque noir, pointillé de jaune doré et voilé d'une jolie fleur azurée. Point pistillaire rougeâtre, attaché au centre de la base du fruit à peine déprimée.

Queue un peu longue, grêle ou de moyenne force, attachée dans une cavité étroite et peu profonde.

Chair bien verte, fine, tendre, fondante, abondante en jus bien sucré et parfumé.

Noyau petit pour le volume du fruit, irrégulièrement ellipsoïde, très-obliquement tronqué sur une petite étendue à son point d'attache à la queue, très-largement obtus à son autre extrémité, à joues bien bombées, le plus souvent non plissées, chagrinées et se détachant parfaitement de la chair; suture ventrale largement et peu profondément sillonnée, très-peu profondément crénelée par ses bords; arête dorsale extraordinairement épaisse, bien saillante du côté du point d'attache, un peu aplanie sur presque toute sa longueur; rainures latérales larges et bien creusées.

DAMAS COMMUN

(COMMON DAMSON)

(N° 35)

The fruit Manual. ROBERT HOGG.
DAMSON. *The Fruits and the fruit-trees of America.* DOWNING.

OBSERVATIONS. — Ce prunier qui pourrait être considéré comme espèce plutôt que comme variété, porte aussi en Amérique les synonymes de Black Damson, Purple Damson, et en Angleterre celui de Round Damson. — L'arbre, peu vigoureux, s'élève en une tête fastigiée, formant le buisson. Sa fertilité est très-grande les années de rapport et interrompue par des alternats complets. Son fruit est tout au plus bon aux usages de la cuisine et offre surtout de l'intérêt par l'usage de son noyau employé généralement à obtenir de semis des sujets un peu contenant, destinés à recevoir les greffes de toutes les variétés de pruniers et aussi celles de pêchers qui se comportent mieux sur ce pied dans les sols peu profonds et humides.

DESCRIPTION.

Rameaux très-grêles, très-obscurément anguleux dans leur contour, droits, à entre-nœuds de moyenne longueur, d'un gris jaunâtre, recouverts d'un duvet extraordinairement court et peu abondant.

Boutons à bois assez petits, coniques, épais, courtement aigus, à direction peu écartée du rameau, soutenus sur des supports un peu saillants dont l'arête médiane se prolonge peu distinctement ; écailles d'un marron terne.

Pousses d'été d'un vert terne, lavées de rouge brun du côté du soleil et un peu duveteuses sur toute leur longueur.

Feuilles des pousses d'été moyennes, obovales-allongées, se terminant régulièrement en une pointe peu aiguë, presque planes ou même un peu convexes, bordées de dents un peu profondes, recourbées, tantôt émoussées, tantôt un peu aiguës, assez peu soutenues sur des pétioles de moyenne longueur, grêles et un peu souples.

Stipules courtes, finement lancéolées et une seule fois lobées à leur base.

Boutons à fruit très-petits, conico-ovoïdes, émoussés, réunis sur des dards très-courts et peu forts ; écailles d'un marron peu foncé et terne.

Fleurs très-petites ; pétales elliptiques-arrondis, concaves, se recouvrant un peu entre eux ; divisions du calice un peu longues, étroites et presque aiguës à leur extrémité ; pédicelles extraordinairement courts et grêles.

Feuilles des productions fruitières petites, obovales un peu allongées, peu atténuées vers le pétiole, peu obtuses ou presque aiguës à leur extrémité, peu repliées sur leur nervure médiane ou peu creusées en gouttière et arquées, bordées de dents fines, un peu profondes et aiguës, soutenues sur des pétioles de moyenne longueur et grêles.

Caractère saillant de l'arbre : teinte générale du feuillage d'un vert herbacé intense et mat ; toutes les feuilles plus ou moins petites et plus ou moins allongées ; tous les pétioles grêles.

Fruit petit, obovoïde, un peu plus atténué et obtus du côté de la queue, moins atténué et plus obtus du côté du point pistillaire, largement convexe par ses joues, également convexe par une de ses faces, plus convexe par la face opposée sur laquelle il est le plus souvent impossible de reconnaître aucune trace de sillon.

Peau un peu ferme, ne se détachant pas de la chair, d'abord et longtemps d'avance d'un pourpre très-intense, puis à la maturité, commencement de septembre, passant au pourpre noir recouvert d'une fleur bleue, fine et un peu épaisse. Point pistillaire très-petit, rougeâtre, un peu saillant sur le fruit.

Queue un peu longue, très-grêle, attachée à fleur du fruit.

Chair verte, bien fine, consistante, suffisante en jus sucré et vivement acidulé.

Noyau proportionné au volume du fruit, ovoïde un peu allongé, bien atténué et aigu à son point d'attache à la queue, un peu obtus à son autre extrémité surmontée d'une très-petite pointe, très-fine et très-aiguë, à joues assez bombées, très-finement chagrinées et adhérant à la chair ; suture ventrale très-étroite et très-peu profondément sillonnée seulement sur la moitié de sa longueur ; arête dorsale un peu épaisse, un peu saillante, très-finement tranchante sur presque toute sa longueur ; rainures latérales très-finement creusées,

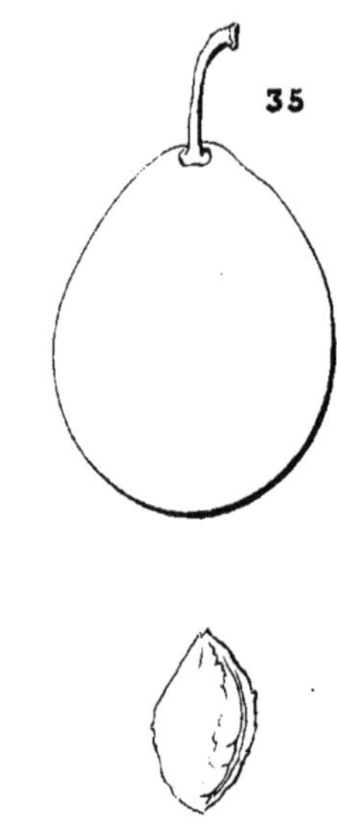

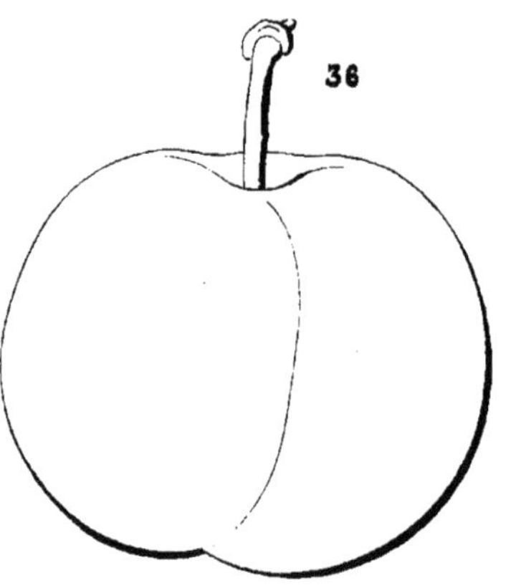

35 DAMAS COMMUN. 36 LOUISE-BRUNE.

Peingeon del.t *Imp. Gauthier frères, à Lons-le Saunier.*

LOUISE-BRUNE

(N° 36)

Revue horticole, 1871. O. THOMAS.

OBSERVATIONS. — Cette variété, qui appartient à la section des Damas, a été obtenue par M. de Maraise, pomologiste distingué de la Belgique. — L'arbre, de bonne vigueur, forme une tête élevée, conique-renversée, élargie et peu compacte. Sa fertilité, assez précoce et bonne, est cependant interrompue par des alternats assez complets. Son fruit, de forme et d'apparence remarquables, est de première qualité.

DESCRIPTION.

Rameaux forts, obscurément anguleux dans leur contour, droits, à entrenœuds courts ou de moyenne longueur, jaunes du côté de l'ombre, d'un rouge sanguin intense, sombre et en partie voilé d'une pellicule du côté du soleil, couverts à leur partie inférieure d'un duvet presque imperceptible, glabres à leur partie supérieure.

Boutons à bois moyens, coniques un peu courts, bien épaissis à leur base et peu aigus, à direction parallèle au rameau, soutenus sur des supports bien saillants dont les côtés et l'arête médiane se prolongent obscurément ; écailles d'un marron rougeâtre très-foncé.

Pousses d'été d'un vert très-clair, lavées de rouge sombre du côté du soleil et très-finement duveteuses sur la plus grande partie de leur longueur.

Feuilles des pousses d'été moyennes, obovales-elliptiques, se terminant presque régulièrement en une pointe courte et peu aiguë, creusées en gouttière et à peine arquées, bordées de dents larges, profondes et arrondies, bien soutenues sur des pétioles de moyenne longueur, forts, dressés et munis de deux grosses glandes réniformes d'un vert clair.

Stipules assez courtes, fines et finement lobées à leur base.

Boutons à fruit petits, conico-ovoïdes, très-courtement aigus, réunis sur des dards très-courts et très-forts; écailles d'un marron très-foncé.

Fleurs moyennes; pétales arrondis, concaves, se recouvrant entre eux; divisions du calice courtes, peu atténuées et obtuses à leur extrémité; pédicelles de moyenne longueur et de moyenne force.

Feuilles des productions fruitières petites, obovales un peu élargies, largement arrondies à leur extrémité, creusées en gouttière, à peine ou non arquées, bordées de dents un peu profondes et souvent obtuses, bien soutenues sur des pétioles courts, peu forts et roides.

Caractère saillant de l'arbre : teinte générale du feuillage d'un vert intense et luisant; tous les pétioles et toutes les feuilles bien fermes.

Fruit moyen, sphérique très-déprimé à ses deux pôles, très-largement tronqué du côté de la queue, un peu plus atténué et moins largement tronqué du côté du point pistillaire, bien convexe par ses joues, également convexe par ses faces dont l'une est traversée par un sillon peu prononcé.

Peau mince, fine, d'abord d'un pourpre clair, puis passant à la maturité, août, au joli pourpre vif, devenant plus intense du côté du soleil et pointillé de jaunâtre; souvent aussi, du côté de l'ombre, persistent quelques teintes jaunâtres sur lesquelles la couleur pourpre ne s'est pas étendue; une fleur bleue, très-fine et assez dense recouvre sa surface. Point pistillaire placé dans une dépression très-évasée, située au milieu de la base du fruit bien aplatie.

Queue longue, forte, attachée dans une cavité remarquablement large et profonde.

Chair jaune, un peu ferme, consistante, abondante en jus richement sucré et agréablement parfumé.

Noyau petit pour le volume du fruit, régulièrement ellipsoïde, bien obliquement tronqué à son point d'attache à la queue, largement obtus à son autre extrémité surmontée d'une petite pointe déjetée de côté, à joues bien bombées, assez sensiblement plissées vers le point d'attache, bien raboteuses, se détachant parfaitement de la chair; suture ventrale très-étroitement et un peu profondément sillonnée sur la moitié de sa longueur, fermée et crénelée sur l'autre moitié; arête dorsale très-épaisse, saillante et finement tranchante sur presque toute sa longueur; rainures latérales larges et bien creusées.

NORBERT

(No 37)

The fruit Manual. Robert Hogg.
The Fruits and the fruit-trees of America. Downing.

Observations. — J'ai reçu cette variété aussi sous le nom de Prune de Prince, un des synonymes que lui attribuent Robert Hogg et Downing. Je conteste le second synonyme Prune Lépine qu'ils lui donnent tous les deux. J'ai reçu la Prune Lépine de Belgique, et sa description que l'on peut lire dans ce volume convaincra facilement de la grande différence qui existe entre ces deux variétés. La Prune de Prince ou Norbert aurait été trouvée, d'après M. de Bavay, dans les bois d'Halanzy, province de Luxembourg et se reproduirait d'éclats. — L'arbre, de bonne vigueur, forme une tête conique-renversée, élargie et compacte. Il est rustique, d'une fertilité assez précoce, grande, mais sujette à des alternats complets. Son fruit est surtout propre à sécher et aux divers emplois du ménage.

DESCRIPTION.

Rameaux assez grêles, presque unis dans leur contour, droits, à entre-nœuds courts, jaunâtres du côté de l'ombre, d'un brun rougeâtre du côté du soleil et presque glabres sur toute leur longueur.

Boutons à bois moyens, coniques un peu allongés et bien aigus, à direction écartée du rameau, soutenus sur des supports saillants dont les côtés et l'arête médiane ne se prolongent pas ou très-peu distinctement; écailles d'un marron foncé et peu brillant.

Pousses d'été d'un vert d'eau très-clair, lavées de rose du côté du soleil et couvertes d'un duvet blanc, extraordinairement court et un peu abondant.

Feuilles des pousses d'été petites, elliptiques ou elliptiques-arrondies, obtuses à leur extrémité ou se terminant très-brusquement en une pointe extraordinairement courte et fine, à peine repliées sur leur nervure médiane et à peine arquées, régulièrement et peu profondément crénelées plutôt que dentées; bien soutenues sur des pétioles très-courts, un peu forts, peu redressés, duveteux et munis de deux petites glandes globuleuses qui manquent souvent.

Stipules extraordinairement courtes, aiguës et courtement lobées à leur base.

Boutons à fruit petits, conico-ovoïdes, finement aigus, réunis sur des dards très-courts et un peu forts; écailles d'un marron foncé et terne.

Fleurs petites; pétales elliptiques-arrondis, concaves, se recouvrant à peine entre eux; divisions du calice courtes, peu atténuées et obtuses à leur extrémité; pédicelles assez courts et très-grêles.

Feuilles des productions fruitières elliptiques, très-brusquement et très-courtement atténuées vers le pétiole, obtuses à leur extrémité, planes, régulièrement bordées de dents fines, peu profondes et émoussées, bien soutenues sur des pétioles très-courts, grêles et roides.

Caractère saillant de l'arbre : teinte générale du feuillage d'un vert bleu un peu intense et mat; toutes les feuilles plus ou moins petites et tendant à la forme elliptique; tous les pétioles très-courts.

Fruit sphérico-ovoïde, court et épais, à peine tronqué du côté de la queue, largement obtus du côté du point pistillaire, assez convexe par ses joues, également convexe par ses faces dont l'une, traversée par un sillon étroit et très-peu profond, est cependant un peu comprimée.

Peau fine et bien adhérente à la chair, d'abord d'un pourpre intense, puis passant à la maturité, commencement d'août, au pourpre noir recouvert d'une fleur bleue et épaisse. Point pistillaire blanchâtre, attaché presque à fleur de la pointe du fruit dans un très-petit creux formé par l'extrémité du sillon.

Queue très-courte, très-grêle, attachée dans une cavité assez étroite et assez profonde.

Chair verdâtre, fine, serrée, ferme, peu abondante en jus plus ou moins sucré et acidulé.

Noyau proportionné au volume du fruit, ovoïde-épais, plutôt arrondi que tronqué à son point d'attache à la queue, se terminant régulièrement à son autre extrémité en une pointe très-courte, à joues bien bombées, courtement plissées vers le point d'attache, unies dans leur surface et se détachant parfaitement de la chair; suture ventrale assez largement et peu profondément sillonnée, unie par ses bords; arête dorsale bien épaisse, peu saillante et presque aplanie; rainures latérales très-fines et peu appréciables.

37 NORBERT. 38 TANTE ANNE.

Peingeon del.

Imp. Gauthier frères, Lons-le-Saunier. 10.

TANTE ANNE

(AUNT ANN)

(Nº 38)

The fruit Manual. ROBERT HOGG.
GUTHRIE'S AUNT ANN. *The Fruits and the fruit-trees of America.* DOWNING.

OBSERVATIONS. — Cette variété a été obtenue, en Ecosse, par M. Guthrie, dont nous connaissons déjà plusieurs prunes d'assez grand mérite. — L'arbre, de bonne vigueur, forme une tête conique-renversée et élargie. Sa fertilité se fait attendre quelque temps et devient bonne par la suite. Son fruit, auquel on ne peut reprocher que l'adhérence du noyau à la chair, est souvent de toute première qualité et mûrit avec les prunes tardives.

DESCRIPTION.

Rameaux assez forts, obscurément anguleux dans leur contour, droits, à entre-nœuds très-courts, d'un brun jaunâtre du côté de l'ombre, d'un brun rougeâtre voilé d'une pellicule grise et brillante du côté du soleil, glabres sur toute leur longueur.

Boutons à bois très-petits à la partie inférieure du rameau, augmentant de dimension à mesure qu'ils se rapprochent de sa partie supérieure, coniques, tantôt courts et émoussés, tantôt plus allongés et bien aigus, à direction parallèle ou presque appliqués au rameau, soutenus sur des supports saillants dont les côtés et l'arête médiane se prolongent très-peu distinctement ; écailles d'un marron rougeâtre très-foncé et terne.

Pousses d'été d'un vert décidé, lavées de rouge sanguin du côté du soleil et glabres sur toute leur longueur.

Feuilles des pousses d'été grandes, ovales-élargis, se terminant un peu brusquement en une pointe un peu longue et large, largement repliées sur leur nervure médiane et arquées, bordées de dents larges, assez peu profondes, surdentées et obtuses, s'abaissant un peu sur des pétioles courts, forts, un peu souples et glabres; deux glandes globuleuses vertes sont ordinairement attachées à la base du limbe.

Stipules assez longues, lancéolées-recourbées, profondément divisées en deux lobes à leur base.

Boutons à fruit petits, conico-ovoïdes, aigus, réunis sur des dards courts et forts; écailles d'un marron sombre et terne.

Fleurs petites; pétales elliptiques ou elliptiques-arrondis, bien concaves, lavés de jaune à leur sommet; divisions du calice de moyenne longueur, un peu étroites, bien atténuées et presque aiguës à leur extrémité; pédicelles très-courts et assez grêles.

Feuilles des productions fruitières assez petites, obovales-allongées et peu larges, courtement et sensiblement atténuées vers le pétiole, aiguës à leur extrémité, planes ou même un peu convexes, bordées de dents très-fines, très-peu profondes et un peu aiguës, soutenues sur des pétioles courts et grêles.

Caractère saillant de l'arbre: teinte générale du feuillage d'un vert pré intense; feuilles des productions fruitières d'une dimension remarquablement différente de celles des feuilles des pousses d'été.

Fruit moyen, presque ellipsoïde, peu atténué et largement tronqué du côté de la queue, un peu plus atténué et moins largement tronqué du côté du point pistillaire, très-peu convexe par ses joues, largement convexe par une de ses faces et à peine un peu plus convexe par la face opposée traversée par un sillon large et peu profond.

Peau fine et cependant assez résistante, d'abord d'un vert pâle, puis passant à la maturité, milieu et fin de septembre, au jaune mat sur quelques parties et changeant à peine de couleur sur d'autres; une fleur blanchâtre et un peu dense recouvre sa surface. Point pistillaire roussâtre, attaché dans un petit creux à l'extrémité du sillon.

Queue courte, un peu forte, attachée dans une cavité large et profonde.

Chair bien jaune, fine, fondante, ruisselante en eau délicieusement sucrée et parfumée.

Noyau proportionné au volume du fruit, ovoïde un peu élargi, peu atténué, assez largement tronqué et un peu échancré à son point d'attache à la queue, obtus à son autre extrémité surmontée d'une très-petite pointe, à joues assez bombées, un peu plissées vers le point d'attache, bien raboteuses et ne se détachant pas de la chair; suture ventrale largement et profondément sillonnée, un peu rugueuse par ses bords; arête dorsale très-épaisse, saillante et tranchante sur toute sa longueur et largement creusée latéralement à cette arête bien vive; rainures latérales nulles.

MONSIEUR HATIF DE FOOTE

(FOOTE'S EARLY ORLÉANS)

(N° 39)

The Fruits and the fruit-trees of America. DOWNING.

OBSERVATIONS. — Cette variété, d'après Downing, a été obtenue par M. Asahel Foote, de Williamstown, Massachussets. — L'arbre, de bonne vigueur, forme une tête de grande dimension et s'étendant au loin. Sa végétation bien équilibrée le dispose assez bien à se soumettre aux formes régulières. Sa fertilité est très-précoce et très-grande. Son fruit est de bonne qualité.

DESCRIPTION.

Rameaux forts, obscurément anguleux dans leur contour, presque droits, à entre-nœuds de moyenne longueur, d'un brun jaunâtre sombre du côté de l'ombre, d'un brun rougeâtre terne du côté du soleil, couverts sur toute leur longueur d'un duvet gris sombre et hérissé.

Boutons à bois moyens, coniques, finement aigus, à direction parallèle ou presque parallèle au rameau, soutenus sur des supports saillants dont les côtés et l'arête médiane se prolongent obscurément ; écailles d'un marron très-foncé et terne.

Pousses d'été d'un rouge rosat vif et bien duveteuses sur toute leur longueur.

Feuilles des pousses d'été grandes ou assez grandes, ovales bien élargies, se terminant régulièrement en une pointe peu aiguë, peu concaves et très-largement ondulées dans leur contour, assez peu profondément crénelées plutôt que dentées, assez peu soutenues sur des pétioles courts, bien forts, un peu redressés, un peu souples, duveteux et munis de deux très-grosses glandes réniformes vertes.

Stipules blanches, courtes, frêles, le plus souvent une seule fois lobées à leur base et très-caduques.

Boutons à fruit très-petits, conico-ovoïdes, bien aigus, réunis sur des dards assez courts et un peu forts ; écailles d'un marron peu foncé et un peu brillant.

Fleurs moyennes ; pétales elliptiques-arrondis, concaves, se recouvrant un peu entre eux ; divisions du calice assez courtes, larges et bien obtuses à leur extrémité ; pédicelles courts et forts.

Feuilles des productions fruitières moyennes, obovales un peu allongées, assez longuement et sensiblement atténuées vers le pétiole, obtuses et ordinairement contournées par leur extrémité, presque planes et largement ondulées dans leur contour, bordées de dents peu profondes, recourbées, peu aiguës ou émoussées, soutenues sur des pétioles un peu longs et un peu forts.

Caractère saillant de l'arbre : teinte générale du feuillage d'un vert bleu intense et bien mat ; toutes les feuilles bien duveteuses à leur partie inférieure ; pousses d'été bien colorées d'un joli rouge rosat et bien duveteuses.

Fruit moyen ou assez gros, ellipsoïde, un peu tronqué et sur la même étendue à ses deux pôles, à peine un peu plus atténué du côté du point pistillaire, très-peu convexe par ses joues, également convexe par ses faces dont l'une est traversée par un sillon très-peu prononcé.

Peau fine, mince, ne se détachant pas de la chair à l'entière maturité, d'abord d'un pourpre intense, puis passant à la maturité, commencement d'août, au noir recouvert d'une fleur bleue et épaisse. Point pistillaire large, blanchâtre, placé dans une dépression régulièrement creusée et assez profonde.

Queue courte ou assez courte, d'un vert clair, peu forte, attachée dans une cavité un peu large et profonde.

Chair verdâtre, fine, tendre, fondante, suffisante en jus sucré et relevé d'une saveur rafraîchissante.

Noyau proportionné au volume du fruit, irrégulièrement ovoïde, s'atténuant un peu brusquement pour se terminer en une pointe courte et déjetée de côté à son point d'attache à la queue, se terminant assez régulièrement à son autre extrémité en une pointe aiguë, à joues peu bombées, le plus souvent non plissées, bien raboteuses et adhérant à la chair ; suture ventrale largement et profondément sillonnée, crénelée par ses bords ; arête dorsale extraordinairement épaisse, saillante, finement tranchante sur toute sa longueur ; rainures latérales le plus souvent nulles ou inappréciables.

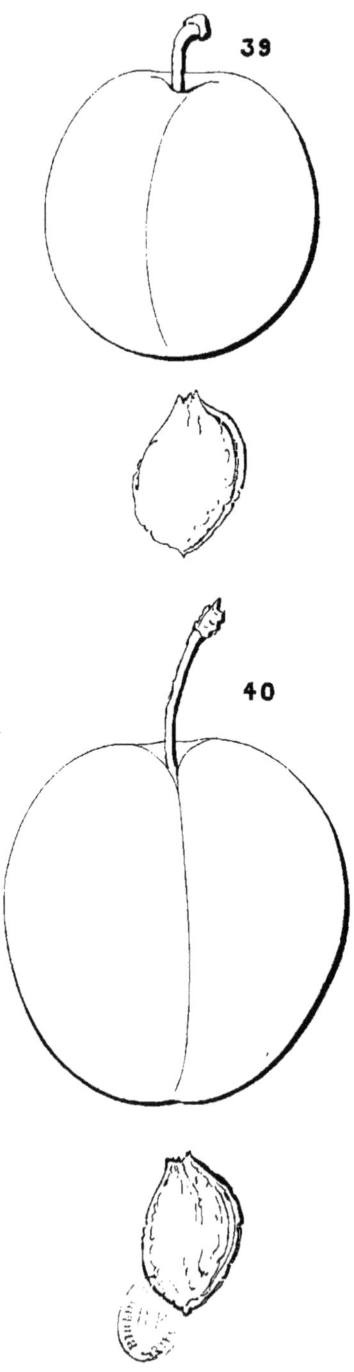

39 MONSIEUR HÂTIF DE FOOTE. 40 GROSSE DE COOPER.

Peingeon del. Imp. Gauthier frères, à Lons-le-Saunier. 10.

GROSSE DE COOPER

(COOPER'S LARGE)

(N° 40)

The Fruits and the fruit-trees of America. DOWNING.
The fruit Manual. ROBERT HOGG.
Annales de pomologie belge. A. ROYER.
LA DÉLICIEUSE. *A Guide to the orchard.* LINDLEY.
COOPERS GROSSE PFLAUME. *Illustrirtes Handbuch der Obstkunde.* OBERDIECK.
COOPERS GROSSE ROTHE ZWETSCHE. *Systematische Anleitung zur Kenntniss der Pflaumen.* LIEGEL.

OBSERVATIONS. — Le pomologiste américain Coxe est le premier qui ait décrit cette variété, en disant qu'elle avait été obtenue par M. Joseph Cooper, de New Jersey, d'un noyau de la Prune Monsieur. Downing lui donne les synonymes : Cooper's large red, Cooper's large american, la Délicieuse, et fait suivre ce dernier synonyme d'un point de doute ; mes observations personnelles m'ont donné la certitude que la Délicieuse de Lindley est complétement identique à la Grosse de Cooper. — L'arbre, de vigueur moyenne, forme une tête élevée, à branches fastigiées et un peu compacte. Il semble devoir se plier à la forme pyramidale, si l'on voulait le soumettre à la taille. Sa fertilité, assez précoce, est seulement moyenne et un peu interrompue par des alternats plus ou moins fréquents. Son fruit, d'une grande beauté, est seulement assez bon pour la table et bon pour les usages du ménage.

DESCRIPTION.

Rameaux de moyenne force, anguleux dans leur contour, droits, à entre-nœuds très-courts, d'un brun taché de verdâtre à l'ombre, colorés d'un rouge violet intense, brillant et en partie voilé d'une pellicule mince du côté du soleil, semés de lenticelles très-petites et très-peu apparentes, glabres sur toute leur longueur.

Boutons à bois assez petits, coniques, courts, bien aigus, à direction presque parallèle au rameau, soutenus sur des supports extraordinairement saillants dont les côtés et l'arête médiane se prolongent distinctement; écailles d'un marron peu foncé.

Pousses d'été d'un vert vif et colorées de rouge vineux du côté du soleil, glabres sur toute leur longueur.

Feuilles des pousses d'été assez grandes, obovales-élargies, se terminant un peu brusquement en une pointe courte et large, planes ou un peu convexes, bordées de dents larges, profondes, recourbées et obtuses, se recourbant un peu sur des pétioles longs, forts, peu redressés, fermes, à peine lavés de rouge et glabres: deux petites glandes réniformes sont ordinairement attachées à la base du limbe.

Stipules assez courtes, lancéolées-étroites, dentées.

Boutons à fruit petits, coniques, finement aigus, situés le long de dards courts ou un peu allongés et grêles; écailles d'un marron terne.

Fleurs assez petites; pétales elliptiques un peu élargis, peu concaves; divisions du calice un peu longues, peu larges et un peu obtuses à leur extrémité; pédicelles assez longs et grêles.

Feuilles des productions fruitières assez petites, obovales-allongées, un peu obtuses ou peu aiguës à leur extrémité, planes ou peu concaves, bordées de dents un peu profondes, couchées et aiguës, assez peu soutenues sur des pétioles un peu longs, grêles et bien divergents.

Caractère saillant de l'arbre: teinte générale du feuillage d'un vert clair et tendre; tous les pétioles un peu longs; toutes les feuilles plus ou moins profondément dentées.

Fruit gros, obovo-ellipsoïde, à peine un peu plus atténué, peu tronqué et échancré du côté de la queue, un peu moins atténué et largement obtus du côté du point pistillaire, assez convexe par ses joues, convexe un peu comprimé par une de ses faces et un peu plus convexe par la face opposée traversée par un sillon large et profond.

Peau un peu ferme, d'abord d'un pourpre clair, puis passant à la maturité, commencement de septembre, au pourpre plus intense, presque noir et recouvert d'une fleur bleue et assez dense. Point pistillaire rougeâtre, un peu saillant dans un petit creux à l'extrémité du sillon.

Queue longue, forte, attachée dans un cavité assez large, profonde et profondément pénétrée par l'entrée du sillon.

Chair jaunâtre, fine, consistante, peu abondante en jus sucré et parfumé.

Noyau proportionné au volume du fruit, ovoïde un peu allongé, profondément échancré à son point d'attache à la queue, se terminant brusquement à son autre extrémité en une petite pointe aiguë, à joues un peu bombées, traversées sur toute leur hauteur par un ou deux plis bien saillants, raboteuses et ne se détachant pas toujours parfaitement de la chair; suture ventrale largement et profondément sillonnée, très-obscurément crénelée par ses bords; arête dorsale épaisse, saillante, un peu tranchante du côté du point d'attache, aplanie sur le reste de sa longueur; rainures latérales étroites et bien creusées.

SUCRÉE-DOUCE DE TRAUTTENBERG

(TRAUTTENBERGS ZUCKERSUSSE)

(N° 41)

Systematische Anleitung zur Kenntniss der Pflaumen. LIEGEL.
Illustrirtes Handbuch der Obstkunde. OBERDIECK.

OBSERVATIONS. — D'après Oberdieck, cette variété est probablement originaire de Bohême ; M. Liegel l'ayant reçue du baron de Trauttenberg, le zélé pomologiste qui fut d'abord fixé à Leipa puis à Prague. — L'arbre, de vigueur moyenne, forme une tête élevée, peu compacte, impropre aux formes régulières. Sa fertilité est précoce et bonne et son fruit est de première qualité.

DESCRIPTION.

Rameaux peu forts, bien fluets à leur partie supérieure, un peu anguleux dans leur contour, droits, à entre-nœuds courts, bruns du côté de l'ombre, d'un brun rougeâtre intense du côté du soleil, et en partie recouverts, surtout à leur partie supérieure, d'une pellicule argentée, glabres sur toute leur longueur.

Boutons à bois extraordinairement petits, extraordinairement courts, épatés, peu aigus, souvent comme perdus dans leurs supports très-saillants et dont l'arête médiane se prolonge finement ; écailles d'un marron rougeâtre très-foncé.

Pousses d'été d'un vert d'eau très-pâle, lavées d'un joli rose violet du côté du soleil et glabres sur toute leur longueur.

Feuilles des pousses d'été moyennes, ovales un peu élargies, se terminant régulièrement en une pointe peu aiguë, largement creusées en gouttière et à peine arquées, assez largement et un peu profondément crénelées et surcrénelées, bien soutenues sur des pétioles courts, forts, un peu redressés et glabres ; deux glandes vertes sont le plus souvent attachées à la base du limbe.

Stipules courtes, lancéolées-étroites, le plus souvent une seule fois lobées à leur base et très-caduques.

Boutons à fruit petits, conico-ovoïdes, courts et peu aigus, peu nombreux sur des dards un peu courts et un peu forts; écailles d'un marron rougeâtre terne.

Fleurs petites ou très-petites; pétales elliptiques un peu allongés, très-concaves, lavés de jaune; divisions du calice longues, atténuées et aiguës à leur extrémité; pédicelles courts et assez grêles.

Feuilles des productions fruitières presque moyennes, obovales bien élargies, peu atténuées vers le pétiole, obtuses à leur autre extrémité, largement concaves, bordées de dents assez larges, couchées, un peu profondes et un peu aiguës, soutenues sur des pétioles courts et très-forts.

Caractère saillant de l'arbre: teinte générale du feuillage d'un vert herbacé peu foncé, vif et brillant; toutes les feuilles remarquablement épaisses et très-largement creusées en gouttière.

Fruit moyen, obovo-ellipsoïde et comprimé, s'atténuant assez sensiblement et obtus du côté de la queue, s'atténuant moins et plus largement obtus du côté du point pistillaire, assez convexe par ses joues, largement convexe un peu comprimé par ses faces dont l'une est traversée par un sillon, le plus souvent, seulement indiqué.

Peau un peu ferme, d'abord d'un joli pourpre vif, puis passant à la maturité, milieu et fin d'août, au pourpre brun et recouvert d'une fleur bleue et épaisse. Point pistillaire rougeâtre, attaché dans une cavité profonde et un peu ouverte du côté du sillon.

Queue assez courte, forte, attachée à fleur ou presque à fleur du fruit.

Chair d'un jaune verdâtre, un peu ferme, un peu consistante, suffisante en jus très-richement sucré et relevé.

Noyau proportionné au volume du fruit, obovoïde-élargi, un peu atténué et largement tronqué à son point d'attache à la queue, très-largement obtus à son autre extrémité surmontée d'une pointe presque imperceptible, à joues peu bombées, sensiblement plissées vers le point d'attache, raboteuses et se détachant de la chair; suture ventrale étroitement et peu profondément sillonnée, presque unie par ses bords; arête dorsale peu épaisse, bien saillante et tranchante sur toute sa longueur; rainures latérales très-fines et à peine creusées.

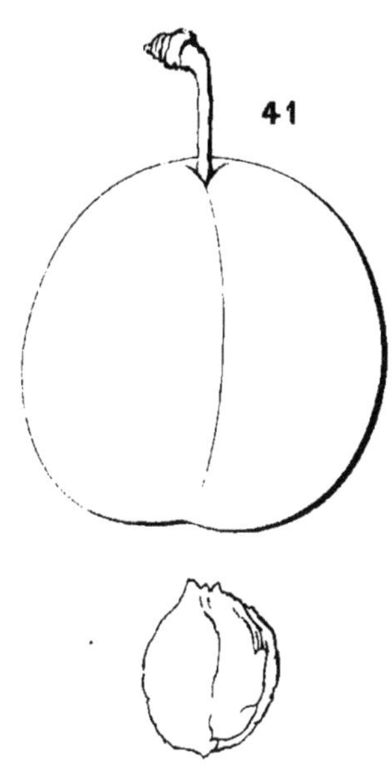

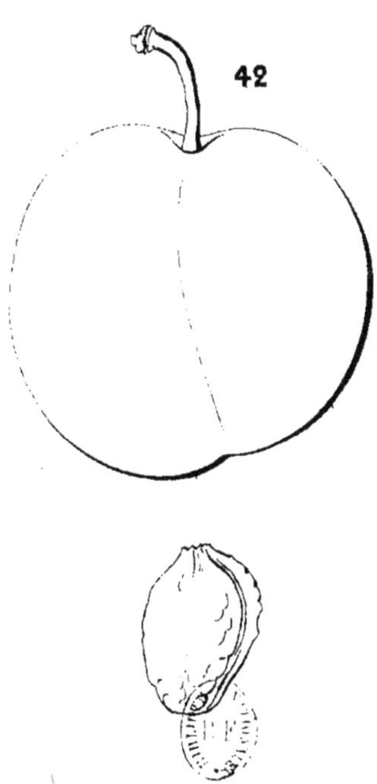

41 SUCRÉE-DOUCE DE TRAUTTENBERG. 42 BELLE DE RIOM.

Peingeon del.

Imp. Gauthier Frères, à Lons-le-S.

BELLE DE RIOM

(N° 42)

Traité des fruits. COUVERCHEL.
Systematisches Handbuch der Obstkunde. DITTRICH.
Systematische Anleitung zur Kenntniss der Pflaumen. LIEGEL.
Bulletin de la Société Van Mons.

OBSERVATIONS. — Cette variété serait-elle née aux environs de la ville dont elle porte le nom et ainsi d'origine française? Je n'ai pu trouver aucune réponse à cette question. Elle était encore assez rare à l'époque à laquelle écrivait Couverchel, en 1839, et plus tard elle fit partie de la collection de Liegel, le classificateur de Prunes, si renommé en Allemagne, et c'est par lui qu'elle fut envoyée au jardin de la Société Van Mons. — L'arbre, de bonne vigueur, forme une tête élevée, d'assez grande dimension et assez compacte. Sa fertilité n'est pas précoce et ne devient que moyenne par la suite. Son fruit s'est jusqu'à présent montré, dans mon jardin, aussi bon que celui de la Reine-Claude violette et plus tardif. Je n'ai pu encore le trouver entaché de trop d'acidité, ainsi que le fait remarquer Couverchel.

DESCRIPTION.

Rameaux de moyenne force, un peu anguleux dans leur contour, presque droits, à entre-nœuds courts, verdâtres du côté de l'ombre, d'un rougeâtre sombre du côté du soleil et recouvert d'un duvet court et hérissé.

Boutons à bois petits, coniques, un peu maigres et aigus, parallèles ou presque appliqués au rameau, soutenus sur des supports un peu saillants dont les côtés et l'arête médiane se prolongent assez distinctement ; écailles d'un marron foncé et terne.

Pousses d'été d'un vert jaune et marbrées de rouge terne du côté du soleil, couvertes sur toute leur longueur d'un duvet extraordinairement court et très-peu abondant.

Feuilles des pousses d'été moyennes ou assez grandes, obovales bien élargies ou presque arrondies, se terminant régulièrement en une pointe très-courte, souvent convexes, ou presque planes, peu profondément et bien régulièrement crénelées, assez bien soutenues sur des pétioles courts, forts, glabres et munis de deux glandes d'un vert clair, souvent réniformes.

Stipules de moyenne longueur, d'un vert clair, lancéolées et le plus souvent une seule fois lobées à leur base.

Boutons à fruit très-petits, coniques, bien aigus, réunis sur des dards très-courts et un peu forts ; écailles d'un marron peu foncé.

Fleurs assez grandes ; pétales elliptiques-arrondis, bien concaves ; divisions du calice de moyenne longueur, atténuées, presque aiguës à leur extrémité ; pédicelles de moyenne longueur et de moyenne force.

Feuilles des productions fruitières presque moyennes, obovales-allongées, courtement atténuées vers le pétiole, obtuses à leur extrémité, planes ou un peu convexes, souvent recourbées ou contournées par leur pointe, bordées de dents très-peu profondes, couchées et obtuses, soutenues sur des pétioles un peu longs, forts et divergents.

Caractère saillant de l'arbre : teinte générale du feuillage d'un vert bleu sombre ; feuilles des pousses d'été bien élargies et sensiblement bullées dans leur surface ; tous les pétioles forts.

Fruit moyen ou assez gros, sphérico-ellipsoïde, assez largement tronqué du côté de la queue, s'atténuant à peine un peu plus et très-largement obtus du côté du point pistillaire, bien convexe par ses joues, également convexe par ses faces dont l'une est traversée par un sillon souvent seulement indiqué.

Peau un peu ferme, d'abord d'un pourpre clair, puis passant à la maturité, commencement de septembre, au pourpre plus intense et finement moucheté de blanc. Sa surface est recouverte d'une fleur bleue et assez dense. Point pistillaire rougeâtre, attaché dans une dépression peu profonde et évasée.

Queue de moyenne longueur, un peu forte, attachée dans une cavité étroite et profonde.

Chair d'un vert jaunâtre, fine, fondante, ruisselante en eau richement sucrée et délicieusement parfumée.

Noyau proportionné au volume du fruit, ovoïde, tronqué obliquement et un peu échancré à son point d'attache à la queue, bien obtus à son autre extrémité, à joues bien bombées, bien raboteuses et se détachant bien de la chair ; suture ventrale très-étroitement et très-peu profondément sillonnée, presque unie par ses bords ; arête dorsale bien épaisse, bien saillante, vivement tranchante sur la moitié de sa longueur et aplanie sur l'autre moitié ; rainures latérales très-finement creusées.

PRÉCOCE D'HOWELL

(HOWELL'S EARLY)

(N° 43)

The Fruits and the fruit-trees of America. DOWNING.
The american fruit Culturist. THOMAS.

OBSERVATIONS. — Cette variété est d'origine Américaine, sans que l'on sache autre chose sur elle qu'elle fut apportée de l'état de Virginie. — L'arbre, de vigueur moyenne, forme une tête élevée et peu compacte. Sa fertilité est très-précoce, grande et soutenue. Son fruit est une des premières bonnes Prunes.

DESCRIPTION.

Rameaux grêles, très-obscurément anguleux dans leur contour, un peu flexueux, à entre-nœuds très-courts, d'un rouge jaunâtre terne du côté de l'ombre, d'un brun rougeâtre recouvert d'une pellicule gris de plomb du côté du soleil, couverts sur presque toute leur longueur d'un duvet très-court.

Boutons à bois très-petits, courts, courtement aigus, à direction plus ou moins écartée du rameau, soutenus sur des supports saillants dont l'arête médiane se prolonge plus ou moins obscurément ; écailles d'un marron rougeâtre très-foncé.

Pousses d'été d'un vert très-clair du côté de l'ombre, lavées de rouge clair du côté du soleil et à leur sommet, couvertes sur toute leur longueur d'un duvet très-court et peu visible.

Feuilles des pousses d'été petites, obovales-arrondies, se terminant un peu brusquement en une pointe très-courte, tantôt à peine concaves, tantôt un peu convexes, bordées de dents larges, doubles, un peu profondes et un peu aiguës, bien soutenues sur des pétioles courts, un peu forts, redressés et munis de deux très-petites glandes globuleuses jaunâtres et manquant quelquefois.

Stipules blanches, extraordinairement courtes, très-peu distinctement lobées à leur base.

Boutons à fruit très-petits, conico-ovoïdes, aigus, réunis sur des dards courts et grêles; écailles d'un marron rougeâtre très-foncé.

Fleurs petites; pétales arrondis-élargis, souvent un peu échancrés à leur sommet, un peu concaves, se recouvrant bien entre eux ; divisions du calice de moyenne longueur, un peu larges et bien obtuses ; pédicelles un peu longs, de moyenne force et glabres.

Feuilles des productions fruitières très-petites, obovales-allongées et peu aiguës à leur extrémité, bordées de dents fines, peu profondes, bien couchées et bien aiguës, à peine creusées en gouttière sur la moitié de leur longueur, bien soutenues sur des pétioles de moyenne longueur, grêles et divergents.

Caractère saillant de l'arbre : teinte générale du feuillage d'un vert terne; stipules remarquablement petites ; branchage et feuillage menus.

Fruit assez petit, exactement ellipsoïde, se terminant à ses deux pôles en deux hémisphères égaux, très-largement convexe par ses joues et presque également convexe par ses faces dont l'une est traversée par un sillon étroit et très-peu prononcé.

Peau fine, mince, souple, d'abord d'un pourpre clair mélangé de verdâtre, puis passant à la maturité, commencement d'août, au pourpre plus intense et plus vif, recouvert d'une fleur lilas. Point pistillaire placé à l'extrémité du sillon dans une dépression très-peu appréciable.

Queue de moyenne longueur, grêle, attachée presque à fleur du fruit dans une cavité extraordinairement étroite et peu profonde.

Chair d'un jaune verdâtre, tendre, fondante, abondante en jus sucré et agréablement relevé.

Noyau assez petit pour le volume du fruit, ovoïde un peu élargi, à peine tronqué à son point d'attache à la queue, se terminant régulièrement à son autre extrémité en une pointe peu aiguë, à joues peu bombées traversées sur toute leur hauteur par un pli peu prononcé, à peine raboteuses et se détachant bien de la chair ; suture ventrale largement et profondément sillonnée, unie par ses bords; arête dorsale peu épaisse, un peu saillante et tranchante sur presque toute sa longueur ; rainures latérales étroites et très-peu profondes.

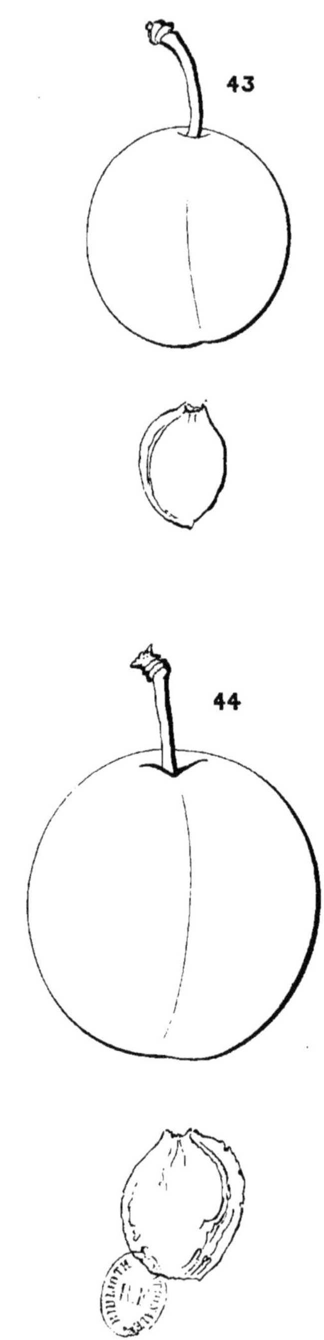

43 PRÉCOCE D'HOWELL. 44 DAMAS ROUGE DE MAYER.

Peingeon delt

Imp Gauthier freres, à Lons-le-Saunier

DAMAS ROUGE DE MAYER

(MAYERS ROTHE DAMASCENE)

(N° 44)

Systematische Anleitung zur Kenntniss der Pflaumen. LIEGEL.
Illustrirtes Handbuch der Obstkunde. JAHN.

OBSERVATIONS. — Cette variété fut obtenue d'un noyau de la Prune Œuf rouge par Liegel qui la dédia à son collègue en pomologie, le pasteur A. J. Mayer, d'Althofen, près de Deimfield en Carinthie. M. Jahn s'étonne avec raison que Dochnal ait pu donner à ce fruit le nom de Royale brun rouge de Mayer, car chez lui il n'a jamais atteint une couleur aussi intense, et le même fait s'est toujours reproduit jusqu'à présent dans mon jardin. — L'arbre, de vigueur normale, d'une végétation bien équilibrée, pourrait s'accommoder des formes régulières. Sa haute tige forme une tête élevée, conique-renversée et compacte. Sa fertilité, assez précoce, est bonne et soutenue. Son fruit est bon, mais son parfum n'est pas assez distingué pour qu'il puisse être considéré comme de première qualité.

DESCRIPTION.

Rameaux assez forts, plus ou moins anguleux dans leur contour, à peine flexueux, à entre-nœuds courts ou très-courts, d'un brun jaunâtre du côté de l'ombre, d'un brun rougeâtre bien voilé d'une pellicule gris de plomb et épaisse du côté du soleil, glabres à leur partie inférieure, couverts à leur partie supérieure d'un duvet extraordinairement court et peu appréciable.

Boutons à bois assez gros, coniques et finement aigus, à direction un peu écartée du rameau, soutenus sur des supports bien saillants dont les côtés et l'arête médiane se prolongent plus ou moins distinctement ; écailles d'un marron terne.

Pousses d'été d'un vert d'eau, lavées de rouge vineux du côté du soleil et glabres sur toute leur longueur.

Feuilles des pousses d'été moyennes, ovales-arrondies, se terminant régulièrement en une pointe peu aiguë, à peine repliées sur leur nervure médiane et peu arquées, bordées de dents larges, un peu profondes, peu surdentées, un peu couchées et un peu aiguës, s'abaissant sur des pétioles de moyenne longueur, forts, horizontaux, à peine duveteux et munis de deux grosses glandes globuleuses d'un vert foncé.

Stipules de moyenne longueur, lancéolées, dentées et profondément lobées à leur base.

Boutons à fruit assez gros, ovo-ellipsoïdes, émoussés ou très-courtement aigus, réunis sur des dards plus ou moins courts et un peu forts ; écailles d'un marron rougeâtre peu foncé.

Fleurs moyennes ; pétales elliptiques un peu élargis, un peu concaves, se recouvrant entre eux ; divisions du calice courtes, bien atténuées et aiguës à leur extrémité ; pédicelles assez courts, un peu forts et duveteux.

Feuilles des productions fruitières petites, un peu obovales, peu sensiblement atténuées vers le pétiole, peu obtuses à leur extrémité, un peu convexes et un peu arquées, bordées de dents peu profondes, couchées et obtuses, soutenues sur des pétioles courts, peu forts et divergents.

Caractère saillant de l'arbre : teinte générale du feuillage d'un vert bleu, sombre et mat ; feuilles des productions fruitières régulièrement convexes ; toutes les feuilles s'abaissant un peu et régulièrement sur leurs pétioles.

Fruit moyen ou presque gros, ellipsoïde-épais, un peu tronqué, soit du côté de la queue, soit du côté du point pistillaire, largement convexe par ses joues, également convexe par ses faces dont l'une, à peine comprimée, est traversée par un sillon large et peu profond.

Peau bien fine, mince, se détachant bien de la chair, d'abord d'un jaune mat tiqueté de pourpre, puis passant à la maturité, milieu d'août, au pourpre vif, un peu plus clair et laissant entrevoir le jaune fondamental du côté de l'ombre. Sa surface est recouverte d'une fleur très-fine, très-peu dense et couleur lilas. Point pistillaire roussâtre, un peu saillant dans une dépression peu accentuée.

Queue de moyenne longueur, de moyenne force, attachée dans une cavité étroite et profonde.

Chair jaunâtre, fine, fondante, abondante en jus sucré, vineux, assez relevé et parfumé.

Noyau un peu gros pour le volume du fruit, ovoïde-élargi, largement tronqué à son point d'attache à la queue, largement arrondi ou presque tronqué à son autre extrémité, à joues peu bombées, un peu plissées vers le point d'attache, bien raboteuses et ne se détachant pas de la chair ; suture ventrale largement et profondément sillonnée, unie par ses bords ; arête dorsale épaisse, saillante, bien tranchante vers le point d'attache, aplanie du côté de la pointe ; rainures latérales un peu largement et profondément creusées.

PRUNE JASPÉE

(JASPISARTIGE PFLAUME)

(N° 45)

Systematische Anleitung zur Kenntniss der Pflaumen. LIEGEL.
Systematisches Handbuch der Obstkunde. DITTRICH.
Illustrirtes Handbuch der Obstkunde. JAHN.

OBSERVATIONS. — L'origine de cette variété n'est pas indiquée par les auteurs qui l'ont décrite, et Liegel dit seulement qu'il l'a reçue aussi sous le nom de Violenpflaume. — L'arbre, de vigueur moyenne, forme une tête conique-renversée, élargie et compacte. Sa fertilité est précoce, grande et soutenue. Son fruit est de bonne qualité.

DESCRIPTION.

Rameaux peu forts, allongés et fluets à leur partie supérieure, obscurément anguleux dans leur contour, presque droits, à entre-nœuds courts, d'un brun jaunâtre à l'ombre, d'un rouge sanguin intense du côté du soleil sur lequel apparaissent quelques traces d'une pellicule très-mince, glabres sur toute leur longueur.

Boutons à bois assez gros, coniques, épais à leur base et bien aigus, à direction parallèle ou presque parallèle au rameau, soutenus sur des supports saillants dont l'arête médiane se prolonge peu distinctement ; écailles d'un marron rougeâtre foncé.

Pousses d'été colorées d'un joli rouge clair du côté du soleil et à leur sommet, glabres sur toute leur longueur.

Feuilles des pousses d'été petites, ovales, quelquefois bien élargies, se terminant régulièrement en une pointe très-petite et très-aiguë, tantôt à peine concaves, tantôt un peu convexes, bordées de dents peu profondes, souvent doubles et obtuses, bien dressées sur des pétioles très-courts, très-grêles, bien roides et munis de deux très-petites glandes réniformes jaunes.

Stipules courtes, fines, profondément dentées et divisées à leur base en deux lobes fins.

Boutons à fruit assez petits, conico-ovoïdes, allongés, un peu maigres et bien aigus, réunis en bouquets sur des dards courts et un peu forts; écailles d'un marron peu foncé.

Fleurs petites; pétales ovales un peu élargis, frêles, souvent chiffonnés et un peu écartés entre eux; divisions du calice assez courtes, étroites et un peu aiguës; pédicelles de moyenne longueur, très-grêles et glabres.

Feuilles des productions fruitières un peu plus petites que celles des pousses d'été, obovales, se terminant régulièrement en une pointe très-courte ou souvent bien obtuses à leur extrémité, concaves, très-finement dentées et surdentées, bien soutenues sur des pétioles très-courts, très-grêles et roides.

Caractère saillant de l'arbre: teinte générale du feuillage d'un vert un peu jaune; feuilles des sommités des pousses d'été bien colorées de rouge; tous les pétioles extraordinairement courts et extraordinairement grêles et cependant fermes.

Fruit petit, sphérico-ellipsoïde et un peu comprimé, un peu tronqué du côté de la queue et largement obtus du côté du point pistillaire, presque également atténué à ses deux extrémités et cependant parfois à peine un peu plus atténué du côté de la queue, assez convexe par ses joues, un peu comprimé par ses faces dont l'une est traversée par un sillon très-peu prononcé, souvent seulement indiqué.

Peau fine, mince, se détachant de la chair à l'entière maturité, d'abord d'un vert très-clair, puis passant à la maturité, milieu d'août, au jaune verdâtre et devenant transparente de manière à laisser entrevoir la couleur de la chair à travers son épaisseur, et paraissant ainsi comme jaspée de blanc; une fleur blanchâtre, très-fine, recouvre toute sa surface qui est aussi parfois lavée et tachée de rouge. Point pistillaire jaunâtre, attaché à fleur de la pointe du fruit.

Queue longue, grêle, attachée dans une cavité un peu profonde et un peu évasée.

Chair d'un vert jaunâtre, fine, tendre, fondante, abondante en jus sucré et agréablement parfumé.

Noyau gros pour le volume du fruit, ovo-ellipsoïde et un peu comprimé, atténué en une pointe courte et à peine tronqué à son point d'attache à la queue, s'atténuant régulièrement à son autre extrémité en une pointe très-courte et aiguë, à joues très-peu bombées, une fois plissées vers le point d'attache, peu raboteuses et ne se détachant pas de la chair; suture ventrale étroitement et souvent imparfaitement sillonnée, presque unie par ses bords; arête dorsale peu épaisse, peu saillante, finement tranchante sur la plus grande partie de sa longueur; rainures latérales très-étroites et très-peu profondes.

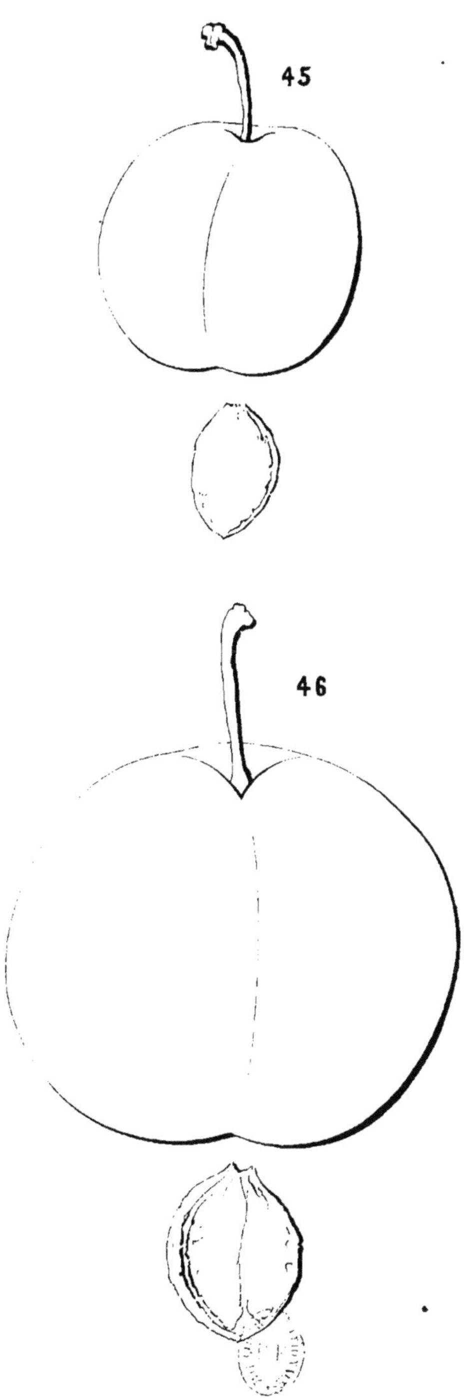

45 PRUNE JASPÉE. 46 DE GONDIN.

Peingeon del^t

Imp. Gauthier frères, à Lons-le-Sau

DE GONDIN

(N° 46)

Catalogue Bruant et Cie, de Poitiers.
Revue horticole, 1871. Thomas.

Observations. — Cette variété est un gain de M. Vaubernier, de Laval, Mayenne. Elle fût mise au commerce, en 1862, par MM. Bruant et Cie, pépiniéristes à Poitiers. — L'arbre, de bonne vigueur, forme une tête sphérique-élargie. Sa fertilité, assez précoce, est seulement moyenne. Son fruit, de magnifique apparence, souvent vraiment monstrueux, est d'assez bonne qualité.

DESCRIPTION.

Rameaux assez forts, unis dans leur contour, droits, à entre-nœuds très-courts, d'un brun jaunâtre à l'ombre, d'un brun rougeâtre sombre en partie voilé d'une pellicule fendillée du côté du soleil, d'un rouge vineux presque noir à leur partie supérieure et glabres sur toute leur longueur.

Boutons à bois moyens, courts, élargis à leur base et émoussés, à direction parallèle ou presque parallèle au rameau, soutenus sur des supports saillants dont les côtés et l'arête médiane ne se prolongent pas ; écailles d'un marron rougeâtre sombre.

Pousses d'été d'un pourpre intense à leur partie inférieure, tachées de pourpre clair à leur partie supérieure et glabres sur toute leur longueur.

Feuilles des pousses d'été petites, ovales-élargies, s'atténuant promptement pour se terminer en une pointe courte, large et munie d'un aiguillon à son extrémité, presque planes ou même un peu convexes, bordées de dents assez profondes, surdentées et arrondies, bien soutenues sur des pétioles courts, peu forts, redressés, d'un rouge lie de vin et un peu duveteux ; deux petites glandes globuleuses ou réniformes sont ordinairement attachées à la base du limbe.

Stipules vertes, courtes, lancéolées, divisées à leur base en un seul lobe.

Boutons à fruit moyens, conico-ovoïdes, renflés, courtement aigus, réunis sur des dards courts et peu forts ; écailles d'un marron rougeâtre peu foncé.

Fleurs moyennes ; pétales arrondis, un peu concaves, se recouvrant entre eux ; divisions du calice courtes, un peu étroites et bien obtuses ; pédicelles longs, grêles et bien glabres.

Feuilles des productions fruitières très-petites, elliptiques, obtuses à leur extrémité, planes ou même convexes, bordées de dents fines et aiguës, bien soutenues sur des pétioles très-courts et très-grêles.

Caractère saillant de l'arbre : teinte générale du feuillage d'un beau vert intense et luisant ; toutes les feuilles petites, presque planes ou même convexes ; branchage menu.

Fruit très-gros ou extraordinairement gros, presque sphérique, se terminant en demi-sphère du côté de la queue, se terminant de même, en s'aplatissant un peu, du côté du point pistillaire, bien convexe par ses joues, également convexe par ses faces dont l'une est traversée par un sillon d'abord un peu prononcé et s'effaçant complètement à l'entière maturité.

Peau fine, souple, d'abord d'un pourpre rose, puis passant à la maturité, **milieu d'août**, au pourpre plus intense, recouvert d'une fleur fine et d'un rose lilas. Point pistillaire large, blanchâtre, attaché dans une dépression peu profonde et bien évasée.

Queue un peu longue, un peu forte, attachée dans une cavité un peu profonde et évasée.

Chair jaune, demi-fine, tendre, fondante, abondante en jus sucré et assez agréablement parfumé.

Noyau proportionné au volume du fruit, ellipsoïde-élargi, un peu tronqué et échancré à son point d'attache à la queue, très-largement obtus à son autre extrémité surmontée d'une pointe très-courte et émoussée, à joues peu bombées, traversées sur toute leur hauteur par un pli bien saillant, raboteuses et se détachant bien de la chair ; suture ventrale imparfaitement sillonnée, unie par ses bords ; arête dorsale très-épaisse, un peu saillante, à peine tranchante vers le point d'attache ; rainures latérales très-étroites et très-peu profondes.

PETITE REINE-CLAUDE

(N° 47)

Traité des arbres fruitiers. Duhamel.
YELLOW GAGE. *The fruit Manual.* Robert Hogg.
ENGLISH YELLOW GAGE. *The Fruits and the fruit-trees of America.* Downing.
LITTLE QUEEN CLAUDE. *A Guide to the orchard.* Lindley.
KLEINE REINE-CLAUDE. *Systematisches Handbuch der Obstkunde.* Dittrich.
Illustrirtes Handbuch der Obstkunde. Oberdieck.
KLEINE GRUNE REINE-CLAUDE. *Systematische Anleitung zur Kenntniss der Pflaumen.* Liegel.

Observations. — Cette ancienne variété est d'une origine inconnue, et Downing, après lui avoir donné, je ne sais pour quel motif, le nom de Reine-Claude jaune anglaise, lui attribue les nombreux synonymes suivants : Little Queen Claude, Reine-Claude blanche, Reine-Claude petite espèce, White Gage, Small green Gage, Gonn's green Gage. — L'arbre, de vigueur normale, a les plus grands rapports dans sa végétation avec celui de la Reine-Claude. Il forme une tête sphérique bien déprimée, irrégulière, à branches divergentes et s'étendant au loin. Sa fertilité est précoce et bonne, et son fruit dont la qualité se rapproche autant que possible de celle de la Reine-Claude la précède par l'époque de sa maturité. Un de ses caractères différentiels, comme le fait très-bien remarquer Duhamel, est la profondeur du sillon qui traverse une de ses faces et qui est bien plus creusé que dans le fruit de la Reine-Claude.

DESCRIPTION.

Rameaux de moyenne force et fluets à leur partie supérieure, unis ou presque unis dans leur contour, droits, à entre-nœuds courts, d'un brun jaunâtre du côté de l'ombre, d'un brun rougeâtre en partie voilé d'une pellicule fendillée du côté du soleil, d'un rouge vineux sombre à leur partie supérieure et glabres sur toute leur longueur.

Boutons à bois très-petits, coniques, courts, courtement aigus, parallèles ou presque appliqués au rameau, soutenus sur des supports saillants dont les côtés et l'arête médiane ne se prolongent pas ou très-peu distinctement ; écailles d'un marron rougeâtre foncé et un peu brillant.

Pousses d'été d'un vert vif, lavées de rouge vineux du côté du soleil et glabres sur toute leur longueur.

Feuilles des pousses d'été moyennes, ovales-elliptiques, se terminant régulièrement en une pointe aiguë, largement creusées en gouttière et arquées, bordées de dents assez peu profondes, surdentées et obtuses, bien soutenues sur des pétioles courts, un peu forts, peu redressés, glabres et munis de deux petites glandes globuleuses d'un vert jaunâtre.

Stipules assez courtes, d'un vert jaunâtre, fines, peu profondément divisées en un seul lobe à leur base.

Boutons à fruit petits, conico-ovoïdes, bien aigus, réunis sur des dards très-courts et forts; écailles d'un marron jaunâtre et terne.

Fleurs petites; pétales elliptiques-arrondis, peu concaves, très-finement dentés à leur sommet, à peine lavés de jaune; divisions du calice de moyenne longueur, peu larges, peu atténuées et obtuses à leur extrémité; pédicelles assez courts, grêles et glabres.

Feuilles des productions fruitières moyennes, obovales-lancéolées, allongées et peu larges, un peu aiguës à leur extrémité, très-largement creusées en gouttière, parfois largement ondulées dans leur contour, un peu arquées, bordées de dents un peu larges, un peu profondes et un peu aiguës, assez bien soutenues sur des pétioles courts, peu forts et redressés.

Caractère saillant de l'arbre: feuilles des pousses d'été d'un beau vert pré vif et brillant; toutes les feuilles bien largement creusées et bien régulièrement arquées; tous les pétioles courts et un peu forts.

Fruit moyen, presque sphérique, très-largement tronqué du côté de la queue, un peu moins largement du côté du point pistillaire, bien convexe par ses joues, convexe un peu comprimé par ses faces dont l'une est traversée par un sillon large et assez prononcé.

Peau fine, mince, d'abord d'un vert clair, puis passant à la maturité, milieu et fin d'août, au vert jaunâtre parfois pointillé de pourpre du côté du soleil; une fleur d'un blanc verdâtre, peu épaisse, peu adhérente, la recouvre entièrement. Point pistillaire d'un vert jaunâtre, attaché dans une dépression étroite, un peu profonde, un peu ouverte du côté du sillon.

Queue de moyenne longueur, un peu forte, attachée dans une cavité peu profonde, très-évasée et souvent ouverte du côté du sillon.

Chair d'un vert clair, fine, un peu consistante, suffisante en jus richement sucré et très-agréablement parfumé.

Noyau proportionné au volume du fruit, ovo-ellipsoïde et un peu élargi, un peu tronqué à son point d'attache à la queue, largement obtus à son autre extrémité, à joues peu bombées, largement plissées vers le point d'attache, un peu raboteuses et se détachant bien de la chair; suture ventrale largement et profondément sillonnée, unie par ses bords; arête dorsale un peu épaisse, saillante et tranchante seulement vers le point d'attache, bien aplanie sur le reste de sa longueur; rainures latérales larges et bien creusées.

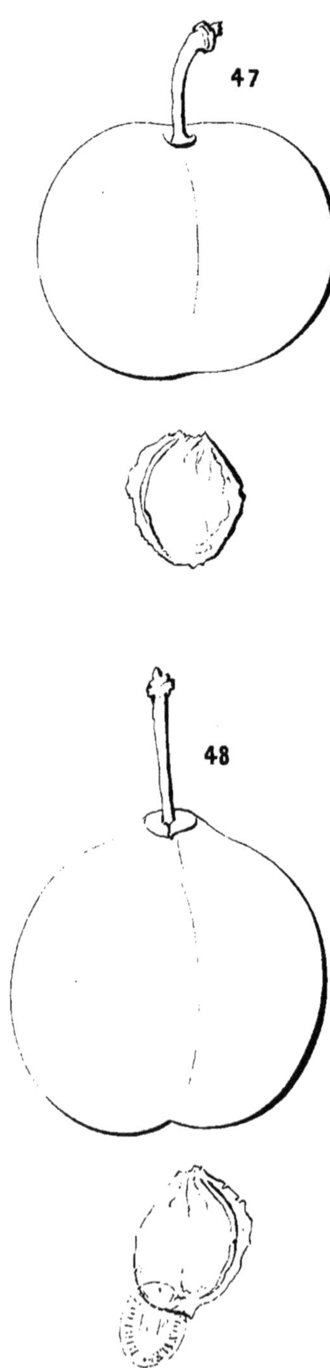

47 PETITE REINE-CLAUDE. 48 HENRI CLAY.

Peingeon del.t *Imp. Gauthier frères, à Lons-le-Saunier*

HENRI CLAY

(HENRY CLAY)

(N° 48)

The Fruits and the fruit-trees of America. DOWNING.
The american fruit Culturist. THOMAS.

OBSERVATIONS. — D'après M. Downing, cette variété a été obtenue par Elisha Dorr, d'Albany, New-York. — L'arbre, de bonne vigueur, est d'une végétation capricieuse qui le rend peu propre aux formes régulières. Il forme une tête de grande dimension, à branches roides, divergentes et s'étendant au loin. Sa fertilité est précoce et grande. Son fruit, de jolie apparence, est de première qualité.

DESCRIPTION.

Rameaux de moyenne force, presque unis dans leur contour, droits, à entre-nœuds courts, bruns du côté de l'ombre, d'un brun rougeâtre très-foncé et à peine voilé d'une pellicule du côté du soleil, glabres sur toute leur longueur.

Boutons à bois assez gros, coniques un peu renflés, allongés et finement aigus, à direction bien écartée du rameau, soutenus sur des supports peu saillants dont les côtés et l'arête médiane ne se prolongent pas ou très-peu distinctement; écailles d'un marron très-foncé et un peu brillant.

Pousses d'été d'un vert d'eau, lavées de rouge vineux du côté du soleil et glabres sur toute leur longueur.

Feuilles des pousses d'été bien grandes, obovales-élargies, se terminant un peu brusquement en une pointe longue et large, largement creusées en gouttière et un peu arquées, un peu profondément crénelées plutôt que dentées, bien soutenues sur des pétioles longs, forts, redressés et peu duveteux ; deux grosses glandes réniformes d'un vert d'eau sont attachées à la base du limbe.

Stipules vertes, de moyenne longueur, lancéolées-élargies, bien finement dentées ou laciniées et divisées à leur base en un ou deux lobes bien développés.

Boutons à fruit moyens, conico-ovoïdes, finement aigus, réunis sur des dards courts et grêles ; écailles d'un marron très-foncé et peu brillant.

Fleurs moyennes; pétales obovales-elliptiques, très-finement dentés à leur sommet, peu concaves, peu écartés entre eux ; divisions du calice longues, étroites, presque aiguës à leur extrémité ; pédicelles assez longs, grêles et glabres.

Feuilles des productions fruitières assez grandes, obovales-allongées et un peu élargies, obtuses à leur extrémité, peu creusées en gouttière ou presque planes, parfois largement ondulées dans leur contour, bordées de dents bien profondes, couchées et bien aiguës, soutenues sur des pétioles de moyenne longueur et forts.

Caractère saillant de l'arbre : teinte générale du feuillage d'un vert bleu intense et peu brillant; ampleur remarquable de toutes les feuilles; aspect général de vigueur.

Fruit gros, obcordiforme, s'atténuant brusquement en un petit mamelon du côté de la queue, largement aplati et échancré du côté du point pistillaire, assez convexe par ses joues, très-largement convexe un peu comprimé par une de ses faces, un peu plus convexe par la face opposée traversée par un sillon large, peu prononcé du côté de la queue, plus profondément creusé du côté du point pistillaire.

Peau fine, mince, se détachant parfaitement de la chair, d'abord d'un vert très-clair, puis passant à la maturité, fin d'août, au jaune clair, souvent lavé et finement pointillé de pourpre rose du côté du soleil et recouvert d'une fleur blanchâtre et peu adhérente. Point pistillaire large, jaunâtre, attaché dans une cavité assez profonde, largement évasée et ouverte du côté du sillon.

Queue longue, forte, attachée bien perpendiculairement dans une cavité étroite et peu profonde.

Chair d'un jaune clair, fine, fondante, ruisselante en eau richement sucrée, vineuse et agréablement parfumée.

Noyau petit pour le volume du fruit, irrégulièrement obovoïde, un peu atténué et un peu tronqué à son point d'attache à la queue, irrégulièrement obtus à son autre extrémité surmontée d'une pointe un peu recourbée, à joues bien bombées, largement plissées vers le point d'attache, peu raboteuses et adhérant entièrement à la chair ; suture ventrale peu largement et peu profondément sillonnée, unie par ses bords ; arête dorsale très-épaisse, très-saillante et tranchante sur la moitié de sa longueur ; rainures latérales très-étroites et très-peu profondes.

QUETSCHE PRÉCOCE DE FRAUENDORF

(FRAUENDORFER FRUHE ZWETSCHE)

(N° 49)

Catalogue Eugène Furst. FRAUENDORF.

OBSERVATIONS. — Je tiens cette variété d'un ami qui l'avait reçue de l'établissement horticole de Frauendorf, en Bavière. Le nom qu'elle porte semblerait indiquer qu'elle y a été obtenue. Elle se distingue de la Quetsche commune par son fruit plus gros, de maturité plus précoce et dont la qualité me semble supérieure, soit pour les usages du ménage, soit pour sécher. — L'arbre, de vigueur normale, forme une tête conique renversée, très-élargie et un peu irrégulière dans sa tenue. Sa fertilité est peu précoce, devient bonne par la suite, mais interrompue par des alternats.

DESCRIPTION.

Rameaux de moyenne force, unis dans leur contour, droits ou presque droits, à entre-nœuds courts, d'un brun jaunâtre à l'ombre, d'un brun rougeâtre en partie voilé d'une pellicule gris de plomb du côté du soleil.

Boutons à bois petits, coniques, courts, courtement et finement aigus, à direction parallèle au rameau, soutenus sur des supports très-saillants dont les côtes et l'arête médiane ne se prolongent pas : écailles d'un marron rougeâtre foncé et peu brillant.

Pousses d'été d'un vert vif, lavées de rouge sanguin du côté du soleil et glabres sur toute leur longueur.

Feuilles des pousses d'été moyennes ou assez grandes, ovales-élargies ou ovales-elliptiques, se terminant régulièrement en une pointe aiguë, peu concaves, bordées de dents très-profondes, plusieurs fois et très-finement surdentées d'une manière vraiment caractéristique, s'abaissant sur des pétioles longs, de moyenne force.

souples, souvent duveteux ; deux glandes vertes sont ordinairement attachées à la base du limbe.

Stipules un peu longues, lancéolées et profondément laciniées sur une grande partie de leur longueur.

Boutons à fruit petits, conico-ovoïdes, courtement aigus, réunis sur des dards un peu longs et assez grêles ; écailles d'un marron rougeâtre terne.

Fleurs petites ; pétales ovales-arrondis, concaves, à onglet long, écartés entre eux, bordés de verdâtre, finement dentés dans leur contour ; divisions du calice longues, étroites et aiguës ; pédicelles assez courts, grêles et glabres.

Feuilles des productions fruitières grandes, obovales-lancéolées, très-longuement et très-sensiblement atténuées vers le pétiole, presque aiguës ou peu obtuses à leur extrémité, bien creusées en gouttière et à peine arquées, bordées de dents un peu larges, un peu profondes, recourbées et peu aiguës, mal soutenues sur des pétioles longs, forts et cependant souples.

Caractère saillant de l'arbre : teinte générale du feuillage d'un vert vif et assez brillant ; feuilles des pousses d'été surdentées d'une manière remarquable ; toutes les feuilles mollement pendantes sur leurs pétioles.

Fruit gros, ovoïde, un peu atténué et obtus du côté de la queue, bien plus sensiblement atténué et presque aigu du côté du point pistillaire, largement convexe par ses joues, également convexe par une de ses faces et beaucoup plus convexe par la face opposée traversée par un sillon étroit et peu prononcé.

Peau ferme, d'abord d'un vert terne, très-largement maculé de rouge vineux, puis passant à la maturité, fin d'août, au pourpre vineux plus intense, finement pointillé de blanchâtre du côté du soleil et recouvert d'une fleur fine et d'un beau bleu. Point pistillaire blanc, souvent un peu saillant à l'extrémité du sillon.

Queue longue, forte, attachée dans une cavité très-étroite et très-peu profonde.

Chair verdâtre, ferme, consistante, peu abondante en jus sucré acidulé et un peu relevé.

Noyau un peu petit pour le volume du fruit, un peu atténué et peu tronqué à son point d'attache à la queue, bien obtus à son autre extrémité brusquement surmontée d'une très-petite pointe, à joues très-peu bombées, deux fois plissées vers le point d'attache, se détachant parfaitement de la chair ; suture ventrale étroitement et profondément sillonnée, crénelée par ses bords ; arête dorsale un peu épaisse, saillante et tranchante du côté du point d'attache et sur la moitié de sa longueur ; rainures latérales extraordinairement fines et peu creusées.

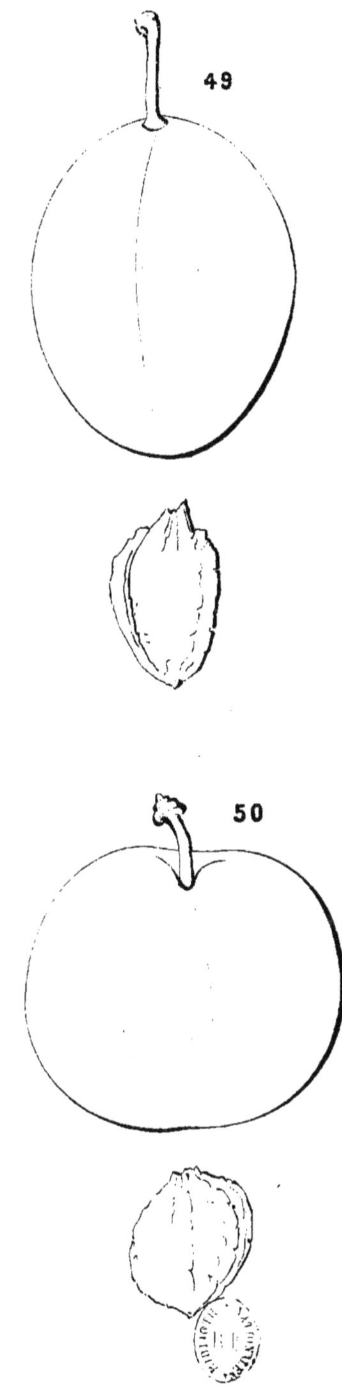

49 QUETSCHE PRÉCOCE DE FRAUENDORF. 50 REINE-CLAUDE DAVION.

Peingeon delt

Imp Gauthier frères à Lons-le-S

REINE-CLAUDE DAVION

(N° 50)

BAVAYS FRUHE REINE-CLAUDE. *Illustrirtes Handbuch der Obstkunde.* OBERDIECK.
REINE-CLAUDE DE BAVAY HATIVE. *Niederlandischer Obstgarten.*
JULY GREEN GAGE. *The Fruits and the fruit-trees of America.* DOWNING.

OBSERVATIONS. — Cette variété me fut envoyée par M. de Bavay, directeur des pépinières royales de Vilvorde, et il n'a publié aucun renseignement sur son origine. Depuis, comme le fait très-bien remarquer M. Buchetet, dans la *Revue de l'arboriculture fruitière*, août 1872, p. 93, elle fut reconnue identique à une variété de Reine-Claude importée de Normandie dans les environs de Paris, et depuis très-longtemps, par un nommé Davion, dont elle reçut le nom après la mort de son introducteur. Downing la nomme aussi Early Bavay. — L'arbre, de vigueur normale, forme une tête sphérique-déprimée, à branches divergentes et s'étendant au loin. Sa fertilité est très-précoce et très-grande. Son fruit est de bonne qualité et à recommander au moment où il mûrit, époque à laquelle les bonnes prunes sont encore rares.

DESCRIPTION.

Rameaux de moyenne force, bien anguleux dans leur contour, droits, à entre-nœuds très-courts, d'un brun noirâtre voilé d'une pellicule grise à leur partie inférieure, d'un rouge noirâtre et sombre à leur partie supérieure, presque glabres sur toute leur longueur.

Boutons à bois petits, coniques, courts, un peu renflés sur le dos, obtus ou courtement aigus, à direction très-peu écartée du rameau, soutenus sur des supports saillants dont les côtés et l'arête médiane se prolongent bien distinctement ; écailles entièrement ombrées de grisâtre.

Pousses d'été d'un vert d'eau, un peu lavées de rouge violet du côté du soleil, couvertes à leur sommet d'un duvet extraordinairement court.

Feuilles des pousses d'été moyennes, ovales-élargies, se terminant régulièrement en une pointe peu aiguë, largement creusées en gouttière ou presque planes, peu profondément crénelées et surcrénelées, soutenues horizontalement sur des pétioles très-courts, forts, horizontaux, presque glabres et munis de deux grosses glandes globuleuses vertes.

Stipules courtes, lancéolées un peu recourbées et ordinairement à peine lobées à leur base.

Boutons à fruit très-petits, conico-ovoïdes, courts et courtement aigus, réunis sur des dards courts et peu forts ; écailles d'un marron rougeâtre peu foncé et terne.

Fleurs très-petites ; pétales obovales-élargis, irrégulièrement découpés par leurs bords, peu concaves, un peu lavés de jaune ; divisions du calice un peu longues, peu larges, atténuées et aiguës à leur extrémité ; pédicelles très-courts et très-forts.

Feuilles des productions fruitières assez petites ou petites, obovales-elliptiques, brusquement et très-courtement atténuées vers le pétiole, peu obtuses à leur extrémité, planes ou presque planes, bordées de dents fines, peu profondes, recourbées et émoussées, soutenues sur des pétioles de moyenne longueur et un peu forts.

Caractère saillant de l'arbre : teinte générale du feuillage d'un vert bleu intense et peu brillant ; toutes les feuilles peu profondément dentées ou crénelées ; tous les pétioles plus ou moins forts.

Fruit moyen, ovo-ellipsoïde, court, presque également tronqué et sur une petite étendue à ses deux pôles, à peine un peu plus atténué du côté du point pistillaire, peu convexe par ses joues, presque également convexe par une de ses faces, convexe un peu comprimé par la face opposée traversée par un sillon très-étroit et très-peu prononcé, souvent seulement indiqué par une ligne de suture.

Peau mince, souple, d'abord d'un vert blanchâtre, puis passant à la maturité, commencement d'août, au vert jaunâtre, parfois un peu taché de rose du côté du soleil et recouvert d'une fleur blanche et peu abondante. Point pistillaire roux, attaché sur la pointe du fruit un peu aplatie et à l'extrémité du sillon.

Queue courte, un peu forte, attachée dans une cavité peu large et assez profonde.

Chair d'un jaune clair et un peu vert, assez fine, tendre, fondante, abondante en jus doux, sucré et assez agréablement parfumé, constituant un fruit de bonne qualité.

Noyau un peu gros pour le volume du fruit, irrégulièrement ovo-ellipsoïde, un peu obliquement tronqué à son point d'attache à la queue, largement obtus à son autre extrémité, à joues bien bombées, traversées par des plis bien saillants, bien raboteuses et ne se détachant pas de la chair ; suture ventrale très-largement et profondément sillonnée, presque unie par ses bords ; arête dorsale épaisse, saillante, tranchante surtout vers le point d'attache ; rainures latérales larges et profondes.

IMPÉRATRICE VIOLETTE

(N° 51)

Traité des arbres fruitiers. DUHAMEL.
VIOLETTE KAISERIN. *Systematisches Handbuch der Obstkunde.* DITTRICH.
Systematische Anleitung zur Kenntniss der Pflaumen. LIEGEL.
Illustrirtes Handbuch der Obstkunde. OBERDIECK.
BLUE IMPÉRATRICE. *The Fruits and the fruit-trees of America.* DOWNING.

OBSERVATIONS. — J'ai reçu cette variété de M. Oberdieck ; elle est bien la même que celle de Duhamel, qui après l'avoir décrite, ajoute qu'il existe une autre véritable Impératrice violette qui est presque sphérique ; et en effet Calvel donne la description de cette variété dans son *Traité complet sur les pépinières*, tome II, page 200. — L'arbre, de vigueur normale, s'accommode assez bien des formes régulières soumises à la taille. Sa haute tige forme une tête sphérique, de moyenne dimension et un peu compacte. Sa fertilité est précoce et grande. Son fruit, de toute première qualité, est encore à recommander pour sa maturité très-tardive.

DESCRIPTION.

Rameaux de moyenne force, unis dans leur contour, presque droits, à entre-nœuds courts, d'un brun rougeâtre voilé d'une pellicule fendillée, glabres à leur partie inférieure, d'un rouge intense à leur partie supérieure couverte d'un duvet extraordinairement court, presque imperceptible.

Boutons à bois coniques, courts et courtement aigus, à direction très-écartée du rameau lorsqu'ils sont situés à sa partie inférieure, et moins écartée lorsqu'ils sont situés à sa partie supérieure, soutenus sur des supports saillants dont les côtés ne se prolongent pas ou très-obscurément ; écailles d'un marron rougeâtre foncé et brillant.

Pousses d'été d'un vert très-clair, à peine lavées de rouge du côté du soleil et presque glabres sur toute leur longueur.

Feuilles des pousses d'été moyennes ou assez petites, ovales ou ovales-elliptiques, se terminant presque régulièrement en une pointe aiguë, à peine repliées sur leur nervure médiane et à peine arquées, profondément crénelées et surcrénelées plutôt que dentées, assez bien soutenues sur des pétioles très-courts, grêles, redressés, glabres et munis de deux petites glandes globuleuses d'un vert clair.

Stipules de moyenne longueur, fines et une seule fois lobées à leur base.

Boutons à fruit petits, conico-ovoïdes, courts et courtement aigus, réunis sur des dards assez courts et forts; écailles d'un marron foncé et un peu brillant.

Fleurs petites; pétales ovales-elliptiques, peu larges, peu concaves, souvent finement dentés dans leur contour, lavés de jaune; divisions du calice longues, étroites et peu aiguës à leur extrémité; pédicelles de moyenne longueur, de moyenne force et glabres.

Feuilles des productions fruitières moyennes, obovales-allongées, assez brusquement et sensiblement atténuées vers le pétiole, obtuses à leur extrémité, largement creusées en gouttière et un peu arquées, bordées de dents bien profondes, un peu recourbées et un peu aiguës, bien soutenues sur des pétioles très-courts et un peu forts.

Caractère saillant de l'arbre: teinte générale du feuillage d'un vert pré peu foncé et mat; toutes les feuilles profondément crénelées ou dentées; tous les pétioles très-courts.

Fruit moyen, régulièrement ovoïde ou parfois obovoïde, régulièrement atténué et obtus du côté de la queue, un peu plus atténué et moins obtus du côté du point pistillaire, très-largement convexe par ses joues, également convexe par une de ses faces et à peine un peu plus convexe par la face opposée traversée par un sillon nul et à peine un peu indiqué vers le point pistillaire.

Peau fine, mince, d'abord d'un pourpre clair, puis passant à la maturité, fin de septembre, commencement d'octobre, au pourpre plus intense du côté de l'ombre et au pourpre noir finement pointillé de blanc du côté du soleil. Une fleur bleue, fine et assez dense recouvre sa surface. Point pistillaire rougeâtre ou roussâtre, attaché presque à fleur du fruit.

Queue courte, de moyenne force, attachée à fleur du fruit.

Chair d'un jaune intense, bien fine, bien fondante, abondante en jus richement sucré et bien parfumé.

Noyau très-petit pour le volume du fruit, ovoïde un peu court et un peu comprimé, à peine atténué, largement tronqué et échancré à son point d'attache à la queue, se terminant un peu brusquement à son autre extrémité en une petite pointe déjetée de côté, à joues très-peu bombées, traversées sur une partie de leur hauteur par un pli bien saillant, chagrinées et se détachant de la chair; suture ventrale largement et peu profondément sillonnée, presque unie par ses bords; arête dorsale peu épaisse, saillante et tranchante sur la plus grande partie de sa longueur; rainures latérales finement creusées.

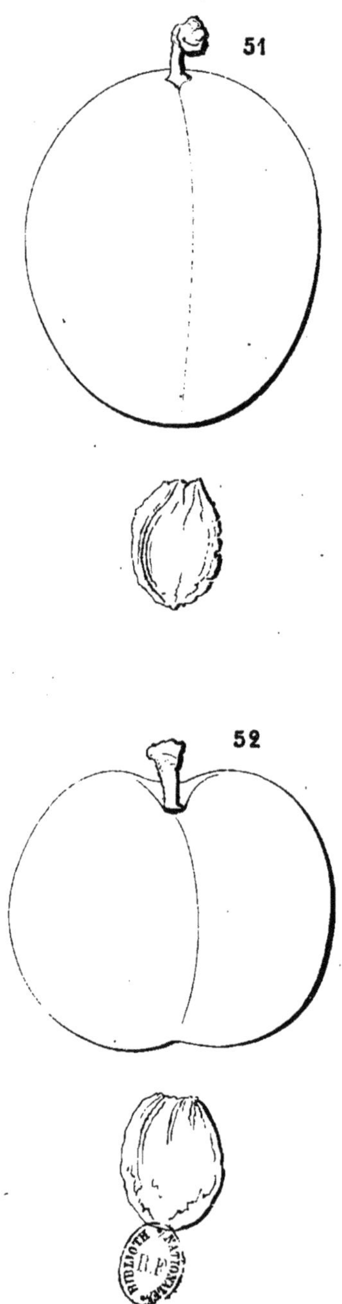

51 IMPÉRATRICE VIOLETTE. 52 ABRICOTÉE DE LANGE.

Peingeon del.r *Imp. Gauthier frères, à Lons-le-Sau*

ABRICOTÉE DE LANGE

(LANGES APRIKOSENPFLAUME)

(N° 52)

Catalogue Jahn. 1864.
Illustrirte Monatshefte für Obst-and-Veinbau. OBERDIECK.
Revue de l'Arboriculture fruitière. SIMON-LOUIS.

OBSERVATIONS. — Cette variété, d'après Jahn, serait un gain de Liegel et aurait été dédiée par lui au professeur Lange, d'Altenburg, le même qui obtint le Pepin d'or qui porte aussi son nom. — L'arbre, de bonne vigueur, forme une tête élargie et irrégulière dans sa tenue. Sa fertilité est précoce, bonne et soutenue. Son fruit, dont la chair adhère au noyau avec la même ténacité que celle des Pavies parmi les Pêches, est toutefois très-beau et véritablement bon.

DESCRIPTION.

Rameaux forts, obscurément anguleux dans leur contour, droits, à entre-nœuds courts, d'un jaunâtre terne du côté de l'ombre, bruns et recouverts d'une pellicule d'un gris sombre du côté du soleil, portant, sur toute leur longueur, un duvet gris sale, court, épais et hérissé.

Boutons à bois petits ou très-petits, très-courts, épatés, obtus ou émoussés, à direction parallèle et souvent presque appliqués au rameau, soutenus sur des supports extraordinairement saillants dont les côtés et l'arête médiane se prolongent plus ou moins obscurément; écailles grisâtres.

Pousses d'été d'un vert d'eau, lavées de rouge vineux et couvertes sur toute leur longueur d'un duvet épais et hérissé.

Feuilles des pousses d'été moyennes ou assez grandes, ovales-élargies, se terminant régulièrement en une pointe peu aiguë, peu repliées sur leur nervure médiane et le plus souvent largement contournées sur leur longueur, largement et un peu profondément crénelées plutôt que dentées, s'abaissant un peu sur des pétioles courts, forts, horizontaux, duveteux et munis de deux glandes globuleuses vertes.

Stipules courtes, d'un jaune clair, lancéolées, une fois lobées à leur base et très-caduques.

Boutons à fruit assez gros, conico-ellipsoïdes, obtus, réunis sur des dards assez courts et forts; écailles d'un marron rougeâtre peu foncé.

Fleurs petites; pétales elliptiques un peu élargis, peu concaves, un peu écartés entre eux; divisions du calice courtes, un peu larges et obtuses à leur extrémité; pédicelles courts, forts et peu duveteux.

Feuilles des productions fruitières moyennes, elliptiques-élargies, largement obtuses à leur extrémité, presque planes ou même parfois un peu convexes, moins profondément et moins largement crénelées que celles des pousses d'été, bien soutenues sur des pétioles courts et forts.

Caractère saillant de l'arbre : teinte générale du feuillage d'un vert pré tendre et peu brillant; toutes les feuilles plus ou moins élargies et bullées dans leur surface; tous les pétioles courts et forts.

Fruit moyen, sphérique bien déprimé à ses deux pôles, largement tronqué du côté de la queue et du côté du point pistillaire, assez convexe par ses joues et un peu moins convexe par ses faces dont l'une est traversée par un sillon qui se creuse seulement à son entrée dans la cavité de la queue et dans celle du point pistillaire.

Peau ferme, d'un jaune clair et vif très-longtemps d'avance, puis à la maturité, fin d'août, commencement de septembre, passant au beau jaune doré, largement lavé du côté du soleil d'un rouge feu et à peine voilé d'une fleur blanche, très-fine et très-peu épaisse. Point pistillaire jaunâtre, attaché dans une cavité profonde et évasée.

Queue courte, forte, bien boutonnée à son point d'attache au rameau, attachée dans une cavité en forme d'entonnoir extraordinairement profond.

Chair d'un jaune vif, fine, tendre, bien fondante à l'entière maturité et ruisselante en jus sucré et relevé d'un parfum d'abricot délicat et agréable.

Noyau proportionné au volume du fruit, ellipsoïde-comprimé, arrondi ou largement tronqué à son point d'attache à la queue, largement obus à son autre extrémité, à joues à peine bombées, raboteuses et adhérant fermement à la chair; suture ventrale entièrement fermée et unie sur toute sa longueur; arête dorsale très-épaisse, non saillante, à peine un peu tranchante vers le point d'attache; rainures latérales le plus souvent nulles.

MIRABELLE DE FLOTOW

(VON FLOTOWS MIRABELLE)

(N° 53)

Illustrirtes Handbuch der Obstkunde. OBERDIECK.

OBSERVATIONS. — Cette variété fut obtenue, d'un noyau de Perdrigon violet, par Liegel et dédiée par lui à M. de Flotow, de Dresde, un des premiers collaborateurs du *Illustrirtes Handbuch.* Elle fut décrite par Liegel dans le *Monatschrift* sous le nom de Flotows allerfruheste Mirabelle, Mirabelle la plus hâtive de Flotow. — L'arbre, de bonne vigueur, forme une tête conique-renversée et un peu compacte. Il réunit tous les mérites d'un bon arbre à cultiver. Il est rustique; sa fertilité est très-précoce, très-grande et soutenue. Son joli fruit, de maturité très-hâtive, est aussi de première qualité.

DESCRIPTION.

Rameaux de moyenne force, unis dans leur contour, droits, à entre-nœuds de moyenne longueur, d'un brun verdâtre voilé d'une pellicule grise et fendillée à leur partie inférieure, d'un brun rougeâtre sombre à leur partie supérieure, couverts sur presque toute leur longueur d'un duvet très-fin et extraordinairement court.

Boutons à bois petits, coniques, courts, élargis à leur base et émoussés, à direction écartée du rameau, soutenus sur des supports très-peu saillants dont les côtés et l'arête médiane ne se prolongent pas; écailles d'un marron très-foncé.

Pousses d'été d'un vert très-clair, couvertes d'un duvet court, très-fin, peu abondant et hérissé.

Feuilles des pousses d'été assez petites, elliptiques-arrondies, un peu plus atténuées et un peu échancrées vers le pétiole, se terminant assez brusquement en une pointe extraordinairement courte, largement creusées en gouttière et arquées, finement et sensiblement ondulées, profondément crénelées plutôt que dentées, bien soutenues sur des pétioles très-courts, forts et un peu redressés; deux très-petites glandes globuleuses jaunes sont ordinairement attachées à la base du limbe.

Stipules courtes, un peu larges et deux fois lobées à leur base.

Boutons à fruit moyens, ovo-ellipsoïdes, aigus, réunis sur des dards plus ou moins courts et grêles; écailles d'un marron foncé.

Fleurs petites; pétales elliptiques-arrondis, concaves, se touchant entre eux; divisions du calice de moyenne longueur, peu atténuées et obtuses à leur extrémité; pédicelles courts, peu forts et glabres.

Feuilles des productions fruitières assez petites, obovales-allongées, sensiblement atténuées vers le pétiole, se terminant régulièrement en une pointe peu aiguë, presque planes ou peu concaves, bordées de dents un peu profondes, un peu couchées et un peu aiguës, bien soutenues sur des pétioles courts et forts.

Caractère saillant de l'arbre : teinte générale du feuillage d'un vert herbacé assez intense; feuilles des pousses d'été sensiblement bullées dans leur surface, remarquablement ondulées dans leur contour et très-courtement accuminées; tous les pétioles remarquablement courts et forts.

Fruit petit ou assez petit, sphérique, souvent à peine un peu plus atténué du côté de la queue, peu largement tronqué et à peine échancré du côté du point pistillaire, largement convexe par ses joues, bien convexe par une de ses faces, à peine comprimé par la face opposée traversée par un sillon très-peu prononcé et parcouru dans son fond par une ligne de suture un peu distincte par sa couleur.

Peau fine, souple, d'abord d'un blanc jaunâtre, puis passant à la maturité, milieu et fin de juillet, au jaune vif atténué par une légère fleur blanche et lavé du côté du soleil d'un joli rose pointillé de jaune doré. Point pistillaire jaunâtre, un peu saillant dans une dépression peu creusée et un peu ouverte du côté de la ligne de suture.

Queue de moyenne longueur, de moyenne force, d'un vert très-clair, attachée dans une cavité étroite, très-peu profonde et régulière par ses bords.

Chair bien jaune, tendre, fondante, suffisante en jus sucré, relevé d'une saveur d'abricot bien prononcé et vraiment agréable.

Noyau proportionné au volume du fruit, en forme de bourse, épais, bien atténué et peu largement tronqué à son point d'attache à la queue, largement obtus à son autre extrémité, à joues bien bombées, vivement et plusieurs fois plissées, se détachant de la chair; suture ventrale largement sillonnée et grossièrement crénelée par ses bords; arête dorsale bien épaisse, saillante, bien tranchante du côté du point d'attache, aplanie sur le reste de sa longueur; rainures latérales larges et profondes.

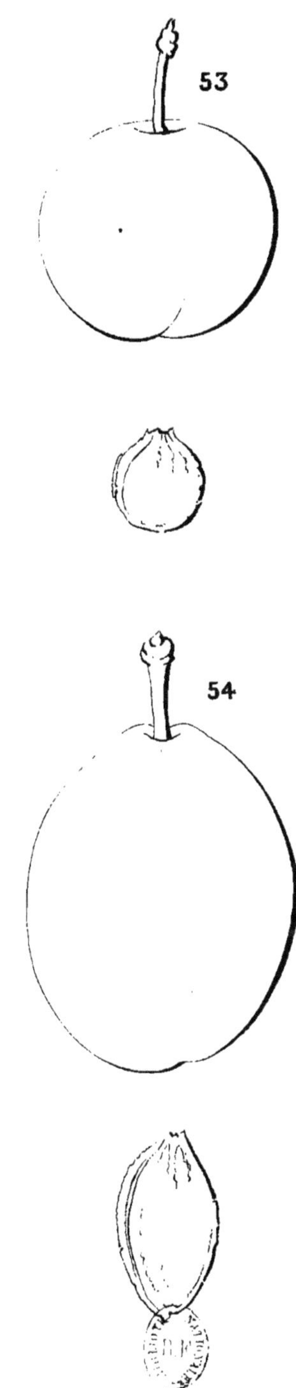

53 MIRABELLE DE FLOTOW. 54 QUETSCHE MARAICHÈRE.

Imp. Lith. Gauthier frères, à Lons-le-Saunier. 14

QUETSCHE MARAICHÈRE

(GARTEN ZWETSCHE)

(N° 54)

Illustrirtes Handbuch der Obstkunde. OBERDIECK.
PRUNE MARAICHÈRE. *Catalogue Emmanuel Gay, à Bollwiller.*
GARTEN PFLAUME. *Systematische Anleitung zur Kenntniss der Pflaumen.* LIEGEL.

OBSERVATIONS. — C'est sous ce dernier nom que Liegel reçut cette variété de MM. Joseph Baumann et fils, à Bollwiller, et il ne put avoir de renseignements sur son origine. — L'arbre, de bonne vigueur, forme une tête conique-renversée et un peu compacte. Il est rustique, d'une fertilité précoce, grande et soutenue. Son fruit est de première qualité pour sécher.

DESCRIPTION.

Rameaux assez forts, très-finement anguleux dans leur contour, droits, à entre-nœuds très-courts, d'un brun violet à leur partie inférieure et peu voilés d'une pellicule gris de plomb, d'un rouge sanguin très-foncé à leur partie supérieure et glabres sur toute leur longueur.

Boutons à bois très-petits, coniques, courts, bien aigus, à direction un peu écartée du rameau, soutenus sur des supports bien saillants dont l'arête médiane se prolonge très-finement ; écailles d'un marron rougeâtre terne.

Pousses d'été d'un vert un peu jaune, lavées de rouge violet du côté du soleil et glabres sur toute leur longueur.

Feuilles des pousses d'été assez grandes, ovales un peu allongées et un peu élargies, se terminant régulièrement en une pointe peu aiguë, bien creusées en gouttière et à peine arquées, largement et sensiblement ondulées dans leur contour, très-largement et profondément crénelées, s'abaissant un peu sur des pétioles courts, forts, horizontaux, glabres et munis de deux grosses glandes globuleuses vertes et pédicellées.

Stipules longues, lancéolées-élargies et sensiblement dentées.

Boutons à fruit assez gros, ovo-ellipsoïdes, aigus, réunis sur des dards plus ou moins courts et forts ; écailles d'un marron foncé.

Fleurs grandes ; pétales obovales-elliptiques et allongés, à peine concaves ; divisions du calice de moyenne longueur, bien larges et bien obtuses ; pédicelles courts, de moyenne force et glabres.

Feuilles des productions fruitières moyennes ou assez petites, ovales bien allongées et peu larges, peu atténuées vers le pétiole, peu obtuses à leur extrémité, bien creusées en gouttière et largement ondulées dans leur contour, bordées de dents peu profondes, couchées et peu aiguës, soutenues sur des pétioles, tantôt longs, tantôt courts et de moyenne force.

Caractère saillant de l'arbre : teinte générale du feuillage d'un vert pré vif et plus ou moins brillant ; toutes les feuilles bien creusées en gouttière et bien ondulées dans leur contour ; stipules bien développées et d'un vert vif.

Fruit moyen, presque exactement ellipsoïde, presque également atténué et également obtus à ses deux extrémités, très-peu convexe par ses joues, également convexe par ses faces dont l'une est traversées par un sillon peu prononcé.

Peau un peu ferme, d'abord d'un vert d'eau taché et lavé de pourpre clair, finement pointillé de blanchâtre. A la maturité, fin d'août, le pourpre devient plus intense et la fleur bleue qui le voile est fine et peu épaisse. Point pistillaire jaunâtre, ordinairement saillant sur la pointe du fruit.

Queue assez courte, forte, attachée dans une cavité étroite et peu profonde.

Chair jaune, fine, un peu consistante, suffisante en jus richement sucré et assez agréablement parfumé.

Noyau proportionné au volume du fruit, presque ellipsoïde, régulièrement atténué et peu largement tronqué à son point d'attache à la queue, s'atténuant aussi régulièrement à son autre extrémité pour se terminer en une pointe très-courte et très-aiguë, à joues un peu bombées, sensiblement et plusieurs fois plissées vers le point d'attache, un peu chagrinées dans leur surface et se détachant de la chair ; suture ventrale largement et assez peu profondément sillonnée, unie par ses bords ; arête dorsale un peu épaisse, un peu saillante, à peine tranchante vers le point d'attache ; rainures latérales très-finement creusées.

REINE-CLAUDE JAUNE DE DANA

(DANA'S YELLOW GAGE)

(N° 55)

The Fruits and the fruit-trees of America. Downing.
The american fruit Culturist. Thomas.

Observations. — Cette variété, d'après Downing, fut obtenue par le Révérend Dana, d'Ipswich, état de Massachussets. — L'arbre, de grande vigueur, forme une tête conique-renversée et assez compacte. Sa fertilité est précoce et très-grande. Son fruit est de première qualité.

DESCRIPTION.

Rameaux forts, bien unis dans leur contour, droits, à entre-nœuds de moyenne longueur, d'un brun rougeâtre voilé d'une pellicule grise et fendillée à leur partie inférieure, d'un rouge lie de vin à leur partie supérieure et glabres sur toute leur longueur.

Boutons à bois assez petits, coniques, maigres et bien aigus, à direction plus ou moins écartée du rameau, soutenus sur des supports peu saillants dont les côtés et l'arête médiane ne se prolongent pas ; écailles d'un marron rougeâtre foncé et peu brillant.

Pousses d'été d'un vert d'eau, couvertes sur toute leur longueur d'un duvet gris blanchâtre, peu épais, bien hérissé et caduc.

Feuilles des pousses d'été grandes, obovales-arrondies, se terminant brusquement en une pointe longue et large, souvent convexes et arquées, bordées de dents profondes, finement surdentées et un peu aiguës, s'abaissant sur des pétioles de moyenne longueur, très-forts, presque horizontaux, duveteux et munis de deux glandes globuleuses d'un vert noirâtre.

Stipules un peu longues, lancéolées, profondément dentées, plusieurs fois et profondément lobées à leur base.

Boutons à fruit petits, conico-ovoïdes, finement aigus, réunis sur des dards assez courts, très-grêles et perpendiculaires au rameau; écailles d'un marron rougeâtre foncé et terne.

Fleurs assez petites ; pétales obovales-elliptiques, à peine concaves, largement ondulés dans leur contour, crénelés ou un peu échancrés à leur sommet, un peu lavés de jaune verdâtre ; divisions du calice longues, assez larges et obtuses à leur extrémité ; pédicelles courts, grêles et glabres.

Feuilles des productions fruitières moyennes, obovales un peu allongées ou ovales-elliptiques et courtes, obtuses ou peu aiguës à leur extrémité, peu repliées sur leur nervure médiane et parfois largement contournées sur leur longueur, bordées de dents un peu profondes, un peu couchées et assez aiguës, soutenues sur des pétioles courts, forts et divergents.

Caractère saillant de l'arbre : teinte générale du feuillage d'un vert bleu intense et mat; feuilles des pousses d'été amples et tendant bien à la forme arrondie, bien recouvertes à leur page inférieure d'un duvet aranéeux et blanchâtre leur donnant la vraie teinte vert d'eau.

Fruit moyen ou presque gros, obovo-ellipsoïde, souvent un peu plus atténué et échancré du côté de la queue, s'atténuant un peu moins et largement obtus du côté du point pistillaire, peu convexe par ses joues, très-largement convexe un peu comprimé par ses faces dont l'une est traversée par un sillon le plus souvent seulement indiqué et qui la partage en deux parties souvent inégales.

Peau fine, mince, se détachant très-bien de la chair, d'abord d'un vert très-clair, puis passant à la maturité, fin d'août, au jaune un peu verdâtre et voilé d'une fleur blanche et épaisse. Point pistillaire large, jaunâtre, attaché à l'extrémité du sillon dans un petit creux obliquement coupé.

Queue assez courte, peu forte, attachée dans une cavité très-étroite et profonde.

Chair d'un jaune clair, tendre, fondante, ruisselante en jus richement sucré et parfumé.

Noyau un peu gros pour le volume du fruit, ovoïde, épais, brusquement atténué et presque aigu à son point d'attache à la queue, régulièrement atténué et régulièrement obtus à son autre extrémité, à joues bien bombées, à peine plissées vers le point d'attache, bien raboteuses et adhérant à la chair ; suture ventrale largement et profondément sillonnée, obscurément crénelée par ses bords ; arête dorsale épaisse, non saillante, finement et à peine tranchante vers le point d'attache, largement aplanie sur le reste de sa longueur ; rainures latérales nulles.

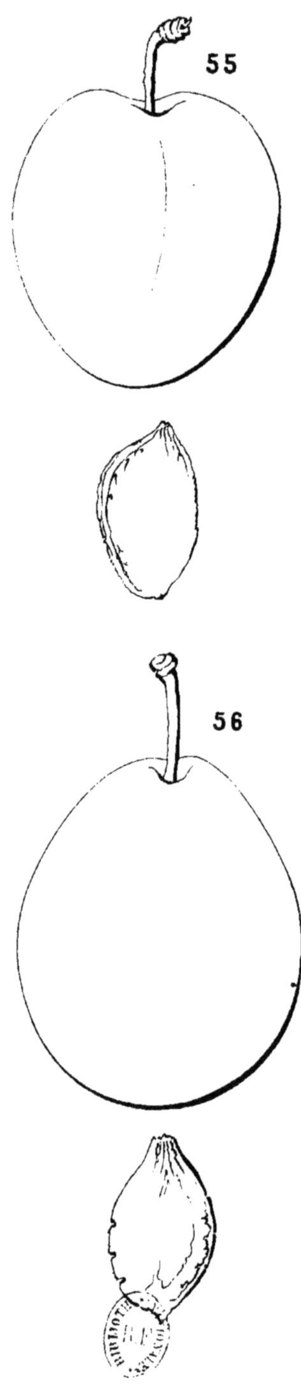

55 REINE-CLAUDE JAUNE DE DANA. 56 PERSHORE.

Peingeon, delᵗ

Imp. Lith. Gauthier frères, à Lons-le-Saunier J°

PERSHORE

(N° 56)

The fruit Manual. Robert Hogg.
The Fruits and the fruit-trees of America. Downing.
Revue horticole. Thomas. 1870.

Observations. — Cette variété, dont le fruit est propre seulement aux usages de la cuisine, porte le nom d'une localité du Sud de l'Angleterre, Pershore, comté de Worcester. Elle y est cultivée dans de si grandes proportions que c'est par quantités énormes que l'on évalue à mille boisseaux que ces fruits sont annuellement expédiés pour le nord du royaume. Robert Hogg dit qu'elle est surtout cultivée dans la vallée d'Eversham et fournit aux marchés de Birmingham. — L'arbre, de bonne vigueur, forme une tête élevée et irrégulière et ne peut être plié aux formes soumises à la taille. Sa fertilité est très-précoce et vraiment prodigieuse.

DESCRIPTION.

Rameaux de moyenne force, presque unis dans leur contour, droits, à entre-nœuds très-courts, d'un rouge violet intense et recouverts sur toute leur longueur d'un duvet extraordinairement court et peu épais.

Boutons à bois petits, courts et courtement aigus, à direction peu écartée du rameau, soutenus sur des supports saillants dont les côtés et l'arête médiane se prolongent très-peu distinctement ; écailles d'un marron noirâtre et un peu brillant.

Pousses d'été d'un vert bien vif, un peu lavées de rouge violet du côté du soleil et presque glabres sur toute leur longueur.

Feuilles des pousses d'été bien grandes, obovales-arrondies, se terminant très-brusquement en une pointe très-courte, planes ou presque planes, bordées de dents profondes, finement surdentées et un peu aiguës, s'abaissant sur des pétioles longs, forts, horizontaux et un peu souples, glabres et munis de deux grosses glandes globuleuses vertes.

Stipules de moyenne longueur, finement lancéolées, dentées, une ou plusieurs fois lobées à leur base.

Boutons à fruit petits, conico-ovoïdes, bien aigus, réunis sur des dards assez courts et un peu forts ; écailles d'un marron foncé et un peu brillant.

Fleurs petites; pétales obovales-élargis, concaves, à onglet long, bien écartés entre eux ; divisions du calice de moyenne longueur, peu atténuées et obtuses à leur extrémité ; pédicelles longs, grêles et glabres.

Feuilles des productions fruitières petites, obovales-arrondies ou obovales-élargies, brusquement et courtement atténuées vers le pétiole, peu obtuses à leur extrémité, planes ou même un peu convexes, bordées de dents extraordinairement fines, peu profondes et aiguës, bien soutenues sur des pétioles très-courts, grêles et roides.

Caractère saillant de l'arbre : teinte générale du feuillage d'un vert herbacé décidé et peu brillant ; feuilles des pousses d'été bien amples ; toutes les feuilles tendant à la forme arrondie.

Fruit moyen ou assez gros, obovoïde, bien plus atténué et se terminant en une pointe ou sorte de mamelon un peu tronqué à son point d'attache à la queue, largement obtus à son autre extrémité, largement convexe par ses joues, très-largement convexe aplati par une de ses faces, plus convexe par la face opposée traversée par un sillon très-peu prononcé.

Peau fine et cependant un peu ferme, longtemps d'avance d'un vert très-pâle, blanchâtre, puis passant à la maturité, fin d'août, au jaune doré recouvert d'une fleur blanche ressemblant à de la poudre d'albâtre. Point pistillaire roux et placé à fleur du fruit.

Queue assez courte, peu forte, attachée dans une cavité étroite, un peu profonde et dont les bords offrent très-peu d'épaisseur.

Chair d'un jaune clair, assez fine, consistante, peu abondante en jus bien sucré, sans parfum bien appréciable.

Noyau petit pour le volume du fruit, obovoïde-allongé, longuement et sensiblement atténué à son point d'attache à la queue en une pointe un peu maigre et un peu obtuse, se terminant un peu brusquement à son autre extrémité en une pointe très-courte et aiguë, à joues un peu bombées, à peine plissées vers le point d'attache, bien raboteuses, ne se détachant pas de la chair ; suture ventrale très-étroitement et peu profondément sillonnée, largement crénelée par ses bords ; arête dorsale peu épaisse, peu saillante, à peine tranchante sur toute sa longueur ; rainures latérales étroites et assez creusées.

DAMAS D'ÉTÉ

(SUMMER DAMSON)

(N° 57)

Observations. — Cette variété, que je n'ai trouvé décrite dans aucun des auteurs dont je possède les ouvrages, est probablement d'origine anglaise ou américaine. — L'arbre est d'une végétation assez faible et forme une tête irrégulière, à branches divergentes et de petite dimension. Sa fertilité est précoce, grande et soutenue. Son fruit, d'assez bonne qualité, est de trop petit volume pour offrir d'autre intérêt que celui d'un bon emploi aux usages de la cuisine.

DESCRIPTION.

Rameaux grêles, un peu anguleux dans leur contour, à peine flexueux, à entre-nœuds très-courts, d'un brun jaunâtre ou rougeâtre et sombre, couverts sur toute leur longueur d'un duvet très- court et un peu abondant.

Boutons à bois petits, exactement coniques, bien aigus, à direction écartée du rameau, soutenus sur des supports saillants dont l'arête médiane se prolonge assez distinctement ; écailles d'un marron clair.

Pousses d'été d'un vert d'eau, lavées de rouge rosat du côté du soleil et couvertes sur toute leur longueur d'un duvet très-court et un peu épais.

Feuilles des pousses d'été très-petites, ovales un peu allongées, se terminant régulièrement en une pointe peu aiguë, largement ondulées dans leur contour, souvent contournées sur leur longueur et crispées dans leur surface, bordées de dents assez profondes et obtuses, soutenues horizontalement sur des pétioles courts, très-grêles, horizontaux et peu duveteux ; les glandes manquent le plus souvent.

Stipules extraordinairement courtes, fines et caduques.

Boutons à fruit très-petits, conico-ovoïdes, aigus, réunis sur des dards très-courts et un peu forts ; écailles d'un marron jaunâtre.

Fleurs assez petites ; pétales arrondis-élargis, un peu concaves, se recouvrant un peu entre eux, tachés de jaune à leur sommet ; divisions du calice très-courtes, un peu larges et bien obtuses ; pédicelles courts, forts et un peu duveteux.

Feuilles des productions fruitières plus grandes que celles des pousses d'été, obovales bien allongées et étroites, longuement et sensiblement atténuées vers le pétiole, peu obtuses à leur extrémité, repliées sur leur nervure médiane et recourbées en dessous seulement par leur pointe, bordées de dents un peu larges, assez peu profondes et obtuses, soutenues sur des pétioles très-longs, un peu forts et divergents.

Caractère saillant de l'arbre : teinte générale du feuillage d'un vert pré vif et brillant ; feuilles des pousses d'été souvent tourmentées dans leur surface ; feuilles des productions fruitières très-longuement pétiolées ; toutes les feuilles remarquablement petites.

Fruit petit, obovoïde-court, à peine un plus atténué du côté de la queue, obtus à ses deux extrémités mais un peu plus obtus vers le point pistillaire, à joues largement convexes, également convexe par ses faces dont l'une est traversée par un sillon étroit, très-peu creusé, souvent peu appréciable.

Peau un peu épaisse et ferme, d'abord d'un pourpre intense, puis passant à la maturité, commencement d'août, au pourpre noir et recouvert d'une fleur bleue et épaisse. Point pistillaire petit, d'un blanc rougeâtre, à peine creusé dans la pointe du fruit.

Queue un peu longue, très-grêle, attachée à fleur du fruit.

Chair verdâtre, fine, tendre, fondante, abondante en jus sucré, relevé d'une saveur rafraîchissante.

Noyau un peu gros pour le volume du fruit, ovoïde-allongé et un peu comprimé, s'atténuant un peu pour se terminer en une pointe à peine tronquée à son point d'attache à la queue, s'atténuant régulièrement et un peu moins sensiblement pour se terminer à son autre extrémité en une très-petite pointe, à joues peu bombées, à peine plissées, peu raboteuses et ne se détachant pas de la chair ; suture ventrale très-étroitement sillonnée et finement crénelée par ses bords ; arête dorsale peu épaisse, peu saillante, un peu tranchante sur toute sa longueur ; rainures latérales très-étroites et très-peu profondes.

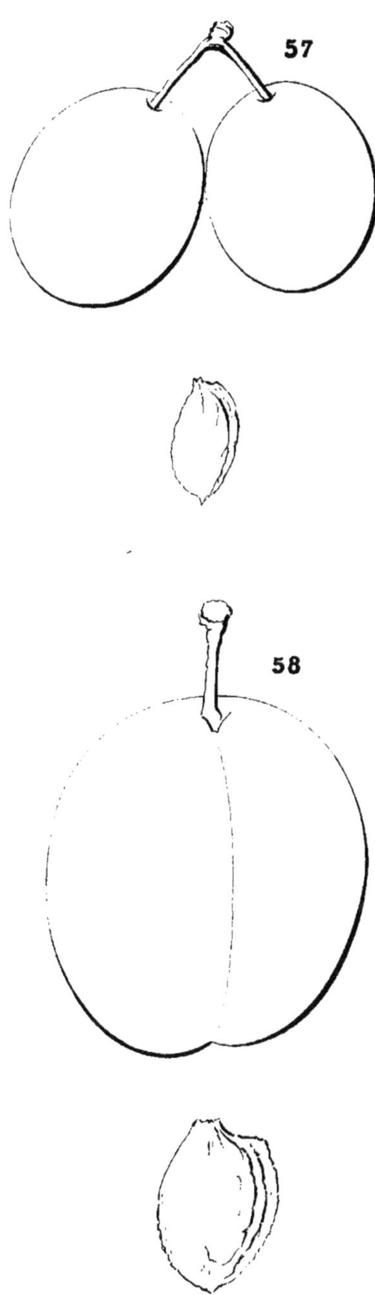

57 DAMAS D'ÉTÉ. 58 FULTON.

Peingeon del

Imp. Lith. Gauthier frères, à Lons-le-Saunier.

FULTON

(N° 58)

The Fruits and the fruit-trees of America. DOWNING.
The american fruit Culturist. THOMAS.

OBSERVATIONS. — Cette variété, d'après Downing, fut trouvée à Johnstown, dans le comté de Fulton, état de New-York, et son origine est cependant restée incertaine. — L'arbre, de bonne vigueur, forme une tête élevée, à branches divergentes, s'étendant au loin et peu compacte. Sa fertilité est précoce, bonne et assez bien soutenue. Son fruit est de première qualité pour l'époque très-tardive de sa maturité et se conserve longtemps sur l'arbre auquel il est bien attaché.

DESCRIPTION.

Rameaux assez forts, finement anguleux dans leur contour, droits, à entre-nœuds courts, d'un rouge sanguin intense taché de jaunâtre du côté de l'ombre, d'un brun violet en partie voilé d'une pellicule gris de plomb du côté du soleil, glabres sur toute leur longueur.

Boutons à bois petits, coniques, un peu courts, un peu épais, courtement aigus, à direction parallèle ou presque parallèle au rameau, soutenus sur des supports peu saillants dont les côtés se prolongent finement; écailles d'un marron rougeâtre intense et terne.

Pousses d'été d'un rouge foncé à leur partie inférieure, d'un rouge vif à leur sommet, glabres sur toute leur longueur.

Feuilles des pousses d'été moyennes, ovales-élargies ou elliptiques-élargies, se terminant très-brusquement en une pointe courte et bien aiguë, concaves et peu arquées, sensiblement bullées dans leur surface et ondulées dans leur contour, bien régulièrement bordées de petites dents arrondies, soutenues horizontalement sur des pétioles longs, forts, d'un rouge lie de vin foncé, un peu duveteux et munis de deux grosses glandes réniformes.

Stipules très-caduques.

Boutons à fruit petits, conico-ovoïdes, courts et courtement aigus, réunis sur des dards courts et un peu forts; écailles d'un marron très-foncé.

Fleurs presque moyennes ; pétales elliptiques-arrondis, peu concaves ; divisions du calice courtes, bien élargies à leur base et sensiblement atténuées à leur extrémité ; pédicelles courts, forts et glabres.

Feuilles des productions fruitières plus petites que celles des pousses d'été, ovales-elliptiques, bien obtuses à leur extrémité, creusées en gouttière et arquées, souvent ondulées dans leur contour ou contournées par leur extrémité, bordées de dents fines, peu profondes, recourbées et peu aiguës, bien soutenues sur des pétioles courts, forts et bien roides.

Caractère saillant de l'arbre : teinte générale du feuillage d'un vert jaunâtre ; toutes les feuilles et surtout celles des pousses d'été remarquablement ondulées.

Fruit moyen ou assez gros, ovoïde un peu court, un peu atténué et à peine tronqué du côté de la queue, plus atténué et obtus à son autre extrémité, largement convexe par ses joues, également convexe par une de ses faces, un peu plus convexe par la face opposée traversée par un sillon souvent très-peu profond.

Peau épaisse et ferme, longtemps d'avance d'un jaune pâle, puis à la maturité, octobre, passant au jaune doré bien chaud et taché de rouge vif du côté du soleil ; une fleur blanche et peu dense recouvre sa surface. Point pistillaire large, roussâtre, attaché presque à fleur du fruit à l'extrémité du sillon.

Queue assez courte, un peu forte, attachée dans une cavité étroite et assez peu profonde.

Chair jaune, un peu ferme, abondante en jus bien sucré, acidulé et agréablement relevé.

Noyau proportionné au volume du fruit, ovoïde un peu épais, courtement atténué et peu tronqué à son point d'attache à la queue, obtus à son autre extrémité surmontée d'une petite pointe un peu déjetée de côté, à joues bien bombées, traversées sur toute leur hauteur par un pli saillant, raboteuses et se détachant de la chair ; suture ventrale sillonnée et crénelée seulement sur la moitié de sa longueur, fermée sur l'autre moitié ; arête dorsale peu épaisse, bien saillante et bien tranchante surtout du côté du point d'attache ; rainures latérales fines et bien creusées.

FERTILE PRÉCOCE

(EARLY PROLIFIC)

(N° 59)

The Fruits and the fruit-trees of America. Downing.
Revue horticole, 1871. O. Thomas.
RIVERS EARLY. *The fruit Manual.* Robert Hogg.
FRUHE FRUCHTBARE. *Illustrirtes Handbuch der Obstkunde.* Oberdieck.

Observations. — Cette variété a été obtenue par M. Rivers, de Sawbridgworth, d'un noyau de la Royale de Tours. — L'arbre, de vigueur moyenne, forme une tête irrégulière, sphérique-déprimée, peu compacte, à branches divergentes et un peu pendantes. Sa fertilité est précoce et bonne. Son fruit est seulement de seconde qualité et moins bon que la Favorite précoce de Rivers dont la maturité est aussi plus hâtive.

DESCRIPTION.

Rameaux grêles, obscurément anguleux dans leur contour, droits, à entre-nœuds de moyenne longueur ou assez courts, d'un brun rougeâtre sombre du côté de l'ombre, d'un brun noirâtre en partie voilé d'une pellicule gris de plomb du côté du soleil, couverts sur toute leur longueur d'un duvet grisâtre, court et hérissé.

Boutons à bois assez petits, coniques, courts, un peu épais et courtement aigus, à direction très-peu écartée du rameau, soutenus sur des supports peu saillants dont les côtés et l'arête médiane se prolongent peu distinctement ; écailles d'un marron foncé et terne.

Pousses d'été d'un vert assez vif, colorées de rouge vineux du côté du soleil et presque glabres sur toute leur longueur.

Feuilles des pousses d'été moyennes ou assez petites, obovales-élargies, obtuses à leur extrémité, concaves et à peine arquées, bien régulièrement bordées de dents fines, peu profondes et aiguës, soutenues à peu près horizontalement sur des pétioles courts, grêles, peu redressés, presque glabres et munis de deux glandes réniformes d'un vert jaunâtre.

Stipules très-caduques.

Boutons à fruit petits, conico-ovoïdes, courtement aigus, réunis sur des dards courts et forts ; écailles d'un marron foncé et terne.

Fleurs petites; pétales arrondis-élargis, le plus souvent profondément échancrés à leur sommet, peu concaves; divisions du calice courtes, larges, brusquement atténuées et un peu aiguës à leur extrémité ; pédicelles très-courts et grêles.

Feuilles des productions fruitières assez petites, obovales-élargies ou obovales-arrondies, bien obtuses à leur extrémité, régulièrement concaves, bien régulièrement bordées de dents très-fines, peu profondes et bien finement aiguës, soutenues sur des pétioles assez courts, peu forts et divergents.

Caractère saillant de l'arbre : teinte générale du feuillage d'un vert pré assez vif et cependant mat; toutes les feuilles régulièrement concaves et bordées d'une serrature bien régulière formée de dents peu profondes et plus ou moins aiguës.

Fruit moyen ou presque moyen, ovo-ellipsoïde, un peu tronqué du côté de la queue, un peu plus atténué et obliquement obtus du côté du point pistillaire, très-largement convexe par ses joues, également convexe par ses deux faces dont l'une est traversée par un sillon assez étroit et peu prononcé.

Peau un peu épaisse et ferme, d'abord d'un pourpre intense, puis passant à l'entière maturité, fin de juillet ou commencement d'août, au pourpre presque noir et recouvert d'une fleur bleue. Point pistillaire très-petit, blanchâtre, un peu saillant à l'extrémité du sillon.

Queue courte, de moyenne force, épaissie à son point d'attache au rameau, attachée dans une cavité très-étroite, peu profonde et régulière par ses bords.

Chair jaunâtre et d'un jaune rougeâtre sous la peau, peu fine, assez tendre, abondante en jus sucré, vineux, acidulé et peu parfumé.

Noyau un peu gros pour le volume du fruit, ovoïde un peu comprimé, brusquement atténué et tronqué sur une petite étendue à son point d'attache à la queue, peu atténué et se terminant en une très-petite pointe à son autre extrémité, à joues peu bombées, un peu raboteuses, se détachant de la chair, faiblement plissées vers le point d'attache ; suture ventrale étroitement et assez profondément sillonnée, finement crénelée par ses bords ; arête dorsale peu épaisse, saillante et tranchante sur presque toute sa longueur; rainures latérales étroites et peu profondes.

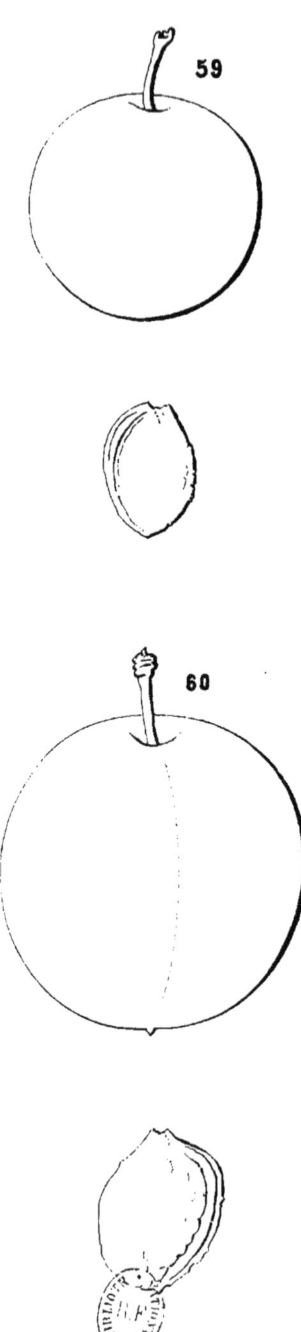

59 FERTILE PRÉCOCE. 60 PRINCE DE GALLES.

Peingeon. del.t

Imp. lith Gauthier frères, à Lons-le-Saunier. 15.

PRINCE DE GALLES

(PRINCE OF WALES)

(N° 60)

The fruit Manual. ROBERT HOGG.
The Fruits and the fruit-trees of America. DOWNING.
Revue horticole, 1871. O. THOMAS.

OBSERVATIONS. — Cette variété, d'origine anglaise, fut obtenue par M. Chapman dont elle porte souvent le nom. — L'arbre, de bonne vigueur, forme une tête élancée dont les branches d'abord érigées se recourbent ensuite un peu par leur extrémité. Sa fertilité est précoce, très-grande et soutenue. Son fruit, de la plus jolie apparence, est d'assez bonne qualité.

DESCRIPTION.

Rameaux assez forts, très-finement anguleux dans leur contour, droits, à entre-nœuds assez courts, d'un brun rougeâtre du côté de l'ombre, d'un rouge vineux intense et à peine voilé d'une pellicule mince du côté du soleil, glabres sur toute leur longueur.

Boutons à bois gros, régulièrement coniques, aigus, à direction peu écartée du rameau, soutenus sur des supports saillants dont l'arête médiane se prolonge finement ; écailles d'un marron rougeâtre foncé et un peu brillant.

Pousses d'été d'un vert très-clair, lavées de rouge vif du côté du soleil et couvertes d'un duvet presque imperceptible et caduc.

Feuilles des pousses d'été bien grandes, un peu obovales, très-élargies, arrondies à leur extrémité, largement creusées en gouttière et bien arquées, bordées de dents larges, profondes, couchées et bien obtuses, bien soutenues sur des pétioles courts, très-forts, dressés et munis de deux glandes réniformes d'un vert clair.

Stipules courtes, larges et souvent plusieurs fois lobées à leur base.

Boutons à fruit gros, ovo-ellipsoïdes, émoussés, réunis sur des dards très-courts et très-forts ; écailles d'un marron foncé.

Fleurs moyennes; pétales très-élargis, très-largement arrondis à leur sommet, lavés de jaune verdâtre ; divisions du calice ovales bien élargies; pédicelles courts et forts.

Feuilles des productions fruitières moyennes ; ovales-arrondies et largement arrondies à leur extrémité, creusées en gouttière, bordées de dents assez fines, profondes et aiguës, très-bien soutenues sur des pétioles courts, forts et dressés.

Caractère saillant de l'arbre : teinte générale du feuillage d'un vert herbacé et mat ; feuilles remarquables par leur ampleur et leur épaisseur et toutes plus ou moins creusées en gouttière et arquées ; feuillage abondant ; branches peu disposées à se ramifier.

Fruit moyen, ovoïde, à peine tronqué du côté de la queue, à peine un peu plus atténué et à peine aplati sur une très-petite étendue du côté du point pistillaire, largement convexe par ses joues, bien également convexe par ses faces dont l'une est traversée par un sillon étroit, souvent très-peu profond ou seulement indiqué par une ligne de suture.

Peau un peu ferme, se détachant parfaitement de la chair, d'abord d'un vert très-clair, puis passant à la maturité, milieu d'août, au jaune blanchâtre très-largement lavé ou parfois entièrement recouvert d'un rouge rosat clair et voilé d'une fleur azurée, très-fine, sous laquelle apparaissent bien des points jaunes souvent cernés de rouge un peu foncé. Point pistillaire jaunâtre, fixé au centre de la petite surface aplatie qui termine le fruit.

Queue courte, de moyenne force, attachée dans une cavité un peu profonde, évasée par ses bords qui s'ouvrent souvent un peu du côté du sillon.

Chair d'un jaune terne, transparente, tendre, bien fondante, ruisselante en eau sucrée, rafraîchissante mais peu relevée.

Noyau un peu gros pour le volume du fruit, ovoïde-élargi, tronqué et un peu échancré à son point d'attache à la queue, largement obtus à son autre extrémité surmontée d'une très-petite pointe presque imperceptible, à joues régulièrement et sensiblement bombées, à peine plissées, raboteuses et adhérant en partie à la chair ; suture ventrale largement et profondément sillonnée, presque unie par ses bords ; arête dorsale un peu épaisse, un peu saillante, tranchante seulement sur la moitié de sa longueur ; rainures latérales étroites et très-peu profondes.

SANS-NOYAU

(N° 61)

Traité des arbres fruitiers. DUHAMEL.
Traité complet sur les pépinières. CALVEL.
STONELESS, PITLESS. *The Fruits and the fruit-trees of America.* DOWNING.
PFLAUME OHNE STEINE. *Handbuch uber die Obstbaumzucht.* CHRIST.
Systematisches Handbuch der Obstkunde. DITTRICH.

OBSERVATIONS. — Cette variété est d'origine ancienne et inconnue. — L'arbre, de bonne vigueur, forme une tête élevée à branches fastigiées et compacte. Sa fertilité, peu précoce, est seulement moyenne et sans grand dommage, car son fruit, sans qualité, est seulement curieux par la particularité qu'offre son amande dépourvue d'enveloppe osseuse.

DESCRIPTION.

Rameaux assez grêles, unis ou presque unis dans leur contour, à peine flexueux, à entre-nœuds courts, d'un brun jaunâtre ou verdâtre à l'ombre, d'un brun rougeâtre sombre et en grande partie voilé d'une pellicule gris de plomb du côté du soleil, glabres à leur partie inférieure, presque glabres à leur partie supérieure.

Boutons à bois assez petits, coniques, finement aigus, à direction très-peu écartée du rameau, soutenus sur des supports peu saillants dont les côtés et l'arête médiane ne se prolongent pas ou très-peu distinctement; écailles d'un marron rougeâtre terne.

Pousses d'été d'un vert d'eau terne, colorées de rouge violet du côté du soleil et glabres sur presque toute leur longueur.

Feuilles des pousses d'été assez petites ou presque moyennes, ovales, bien sensiblement atténuées à leurs deux extrémités et surtout vers le pétiole, se terminant presque régulièrement en une pointe aiguë, concaves, finement ondulées dans leur contour et non arquées, bordées de dents assez profondes, profondément surdentées et un peu aiguës, bien soutenues sur des pétioles courts, peu forts, roides, redressés et glabres; deux ou plusieurs glandes vertes sont ordinairement attachées à la base du limbe.

Stipules très-caduques.

Boutons à fruit petits, conico-ovoïdes, courtement aigus, réunis sur des dards courts et grêles ; écailles d'un marron foncé.

Fleurs très-petites ; pétales elliptiques un peu élargis, bien concaves, ne pouvant s'étaler ; divisions du calice courtes, étroites et un peu obtuses à leur extrémité ; pédicelles de moyenne longueur, bien grêles et glabres.

Feuilles des productions fruitières petites, les unes obovales un peu allongées, les autres obovales-elliptiques, bien obtuses à leur extrémité, peu repliées sur leur nervure médiane ou presque planes, bordées de dents fines, très-peu profondes et aiguës, soutenues sur des pétioles courts et grêles.

Caractère saillant de l'arbre : teinte générale du feuillage d'un vert bleu bien mat ; feuilles des pousses d'été remarquablement concaves, sensiblement ondulées et bien fermes sur leurs pétioles ; nervures de la page inférieure de toutes les feuilles remarquablement saillantes ; branches bien érigées et roides.

Fruit très-petit, assez régulièrement ovoïde, épaissi et bien obtus du côté de la queue, s'atténuant régulièrement et bien sensiblement pour devenir presque aigu du côté du point pistillaire, peu convexe par ses joues, également convexe par ses faces dont l'une est traversée par un sillon souvent seulement indiqué.

Peau fine, très-mince, d'abord d'un pourpre très-intense, puis passant à la maturité, milieu et fin d'août, au noir recouvert d'une fleur bleue et épaisse. Point pistillaire très-petit, blanchâtre, attaché dans un très-petit creux à l'extrémité du sillon.

Queue un peu longue, grêle, attachée presque à fleur du fruit.

Chair verte, fine, pâteuse, très-insuffisante en jus à peine sucré et vivement acidulé.

Noyau nul ou parfois remplacé par un cercle ligneux au centre duquel se trouve placée la petite amande un peu enveloppée d'une matière glutineuse.

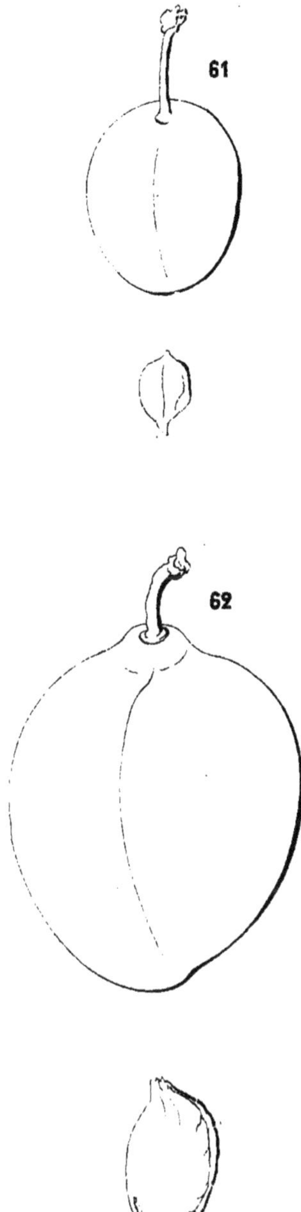

61 SANS-NOYAU. 62 QUETSCHE JAUNE DE HARTWISS.

Peingeon del.

Imp. lith. Gauthier frères, à Lons-le

QUETSCHE JAUNE DE HARTWISS

(HARTWISS GELBE ZWETSCHE)

(N° 62)

Systematische Anleitung zur Kenntniss der Pflaumen. LIEGEL.
Illustrirtes Handbuch der Obstkunde. OBERDIECK.

OBSERVATIONS. — Cette variété fut obtenue par Liegel d'un noyau de la Quetsche jaune précoce et dédiée par lui à M. Obersten de Hartwiss, directeur des jardins impériaux à Nikita, en Crimée. — L'arbre, de vigueur moyenne, forme une tête sphérique, compacte et buissonneuse. Sa fertilité est peu précoce et seulement moyenne ; son fruit est de première qualité.

DESCRIPTION.

Rameaux assez forts, finement anguleux dans leur contour, droits, à entre-nœuds très-courts, d'un brun jaunâtre intense, un peu recouverts d'une pellicule jaunâtre à leur partie inférieure, glabres sur toute leur longueur.

Boutons à bois gros, coniques, courts, épais et émoussés, à direction parallèle au rameau, soutenus sur des supports saillants dont les côtés et l'arête médiane se prolongent finement; écailles d'un marron rougeâtre très-foncé et ombré de gris.

Pousses d'été presque entièrement colorées d'un rouge vineux intense, couvertes sur toute leur longueur d'un duvet extraordinairement fin et caduc.

Feuilles des pousses d'été petites, obovales plus ou moins élargies, se terminant très-brusquement en une pointe courte et fine, bien creusées en gouttière et non arquées, bordées de dents fines, peu profondes et arrondies, bien dressées sur des pétioles un peu longs, un peu forts, bien roides, finement duveteux, colorés de rouge et munis de deux grosses glandes jaunes, globuleuses ou réniformes.

Stipules de moyenne lougueur, lancéolées, finement dentées et peu profondément lobées à leur base.

Boutons à fruit petits, ovoïdes, un peu courts et un peu aigus, réunis sur des dards courts et forts ; écailles d'un marron rougeâtre foncé et terne.

Fleurs assez petites ; pétales obovales-élargis, presque planes ; divisions du calice moyennes, bien atténuées et aiguës à leur extrémité ; pédicelles très-courts et très-grêles.

Feuilles des productions fruitières très-petites, obovales un peu allongées, très-sensiblement atténuées vers le pétiole et bien obtuses à leur autre extrémité, bien creusées en gouttière, bordées de dents extraordinairement fines, peu profondes et aiguës, bien soutenues sur des pétioles un peu longs, grêles et bien roides.

Caractère saillant de l'arbre : feuilles d'un vert clair à leur page supérieure et un peu duveteuses à leur page inférieure ; les feuilles les plus jeunes d'un vert un peu teinté de jaune ; toutes les feuilles remarquablement creusées en gouttière.

Fruit moyen, irrégulièrement ovoïde, brusquement et courtement atténué en un petit mamelon du côté de la queue, s'atténuant bien sensiblement pour se terminer à son autre extrémité en une pointe, tantôt un peu obtuse, tantôt presque aiguë, largement convexe par ses joues, très-largement convexe-comprimé par une de ses faces, très-convexe par son autre face partagée en deux parties très-inégales par un sillon large et un peu profond.

Peau fine, mince, longtemps d'avance d'un jaune clair, puis passant à la maturité, milieu et fin d'août, au beau jaune canari un peu voilé par une fleur blanche et très-fine. Point pistillaire très-petit, roussâtre, attaché dans un petit creux à l'extrémité du sillon.

Queue un peu longue, un peu forte, attachée dans un très-petit creux, presque à fleur du mamelon qui termine le fruit.

Chair d'un jaune clair, bien fine, tendre, fondante, abondante en jus sucré et délicatement musqué.

Noyau proportionné au volume du fruit, bien atténué en une pointe un peu recourbée et presque aiguë à son point d'attache à la queue, se terminant régulièrement à son autre extrémité en une pointe bien aiguë, à joues très-peu bombées, traversées sur toute leur hauteur par un pli peu saillant, unies dans leur surface et se détachant bien de la chair ; suture ventrale très-étroitement et peu profondément sillonnée, unie par ses bords ; arête dorsale un peu épaisse, non saillante, aplanie sur toute sa longueur ; rainures latérales très-étroites et bien creusées.

PERDRIGON TARDIF

(SPATER PERDRIGON)

(N° 63)

Illustrirtes Handbuch der Obstkunde. JAHN.
Systematische Anleitung zur Kenntniss der Pflaumen. LIEGEL.
KONIGSPFLAUME VON PARIS. *Systematisches Handbuch der Obstkunde.* DITTRICH.

OBSERVATIONS. — Cette variété est d'une origine ancienne et inconnue. Quelques pomologistes lui ont donné le nom de Damas de septembre qui appartient à une autre variété bien distincte. — L'arbre, de peu de vigueur, forme une tête de petite dimension, presque sphérique, un peu buissonneuse. Sa fertilité est précoce et bonne. Son fruit est d'assez bonne qualité et surtout propre aux usages de la cuisine.

DESCRIPTION.

Rameaux grêles, à peine anguleux dans leur contour, droits, à entre-nœuds très-courts, d'un brun rougeâtre à leur partie inférieure, d'un rouge vineux sombre et très-foncé à leur partie supérieure et recouverts sur toute leur longueur d'un duvet gris extraordinairement court et hérissé.

Boutons à bois petits, coniques un peu allongés et finement aigus, à direction très-peu écartée du rameau, soutenus sur des supports saillants dont les côtés et l'arête médiane se prolongent très-peu distinctement ; écailles d'un marron noirâtre et terne.

Pousses d'été d'un rose foncé du côté du soleil, d'un vert clair du côté de l'ombre, duveteuses sur toute leur longueur.

Feuilles des pousses d'été petites, ovales bien élargies, se terminant en une pointe très-courte ou souvent arrondies à leur extrémité, peu concaves, souvent largement ondulées dans leur contour, bordées de dents larges, peu profondes et arrondies, bien soutenues sur des pétioles très-grêles et roides ; deux très-petites glandes globuleuses jaunes sont attachées à la base du limbe.

Stipules courtes, deux fois lobées à leur base.

Boutons à fruit très-petits, conico-ovoïdes, très-finement aigus, réunis sur des dards assez courts et grêles ; écailles d'un marron noirâtre.

Fleurs très-petites ; pétales elliptiques, tronqués à leur sommet, un peu teintés de jaune et quelquefois finement dentés dans leur contour ; divisions du calice de moyenne longueur, étroites et un peu atténuées à leur extrémité ; pédicelles courts, très-grêles et presque glabres.

Feuilles des productions fruitières petites, obovales plus ou moins élargies, obtuses à leur extrémité, exactement planes, bordées de dents très-fines, très-peu profondes, recourbées et émoussées, bien soutenues sur des pétioles très-courts, grêles et roides.

Caractère saillant de l'arbre : teinte générale du feuillage d'un vert décidé ; jeunes pousses lavées d'un joli rose ; tous les pétioles remarquablement courts.

Fruit petit, sphérico-ellipsoïde, presque également atténué et également tronqué ou obtus à ses deux pôles, assez convexe par ses joues et également convexe par ses faces dont l'une est traversée par un sillon étroit et un peu creusé.

Peau ferme, épaisse, d'abord et longtemps d'avance d'un pourpre intense, puis passant à la maturité, fin de septembre, au noir très-finement ponctué de gris jaunâtre et recouvert d'une fleur azurée et dense. Point pistillaire rougeâtre, un peu saillant dans un petit creux à l'extrémité du sillon.

Queue assez courte, un peu forte, attachée dans une cavité très-étroite et un peu profonde.

Chair jaunâtre, fine, serrée, consistante, suffisante en jus richement sucré mais sans parfum appréciable.

Noyau un peu gros pour le volume du fruit, ovoïde un peu élargi, un peu obliquement tronqué et sur une très-petite étendue à son point d'attache à la queue, largement obtus à son autre extrémité surmontée d'une pointe un peu longue et bien aiguë, à joues peu bombées, finement chagrinées et se détachant de la chair ; suture ventrale largement et assez peu profondément sillonnée, presque unie par ses bords ; arête dorsale épaisse, saillante, finement tranchante sur la plus grande partie de sa longueur ; rainures latérales étroites et peu profondes.

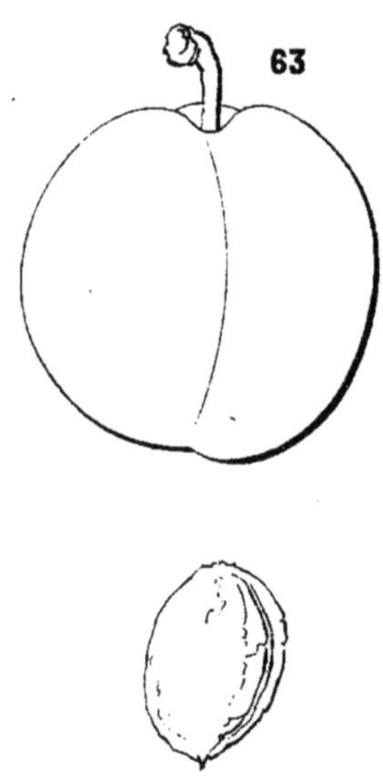

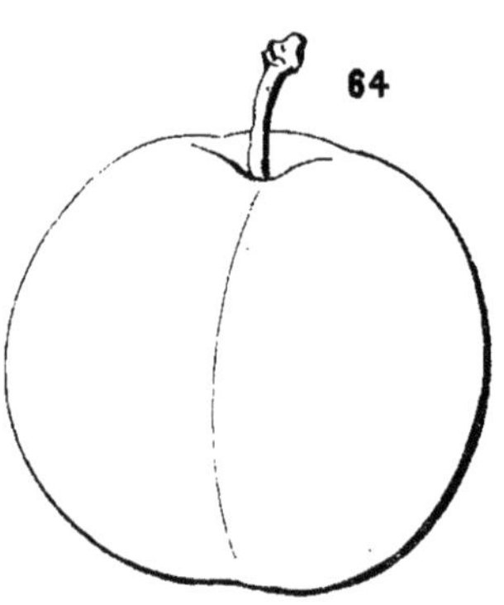

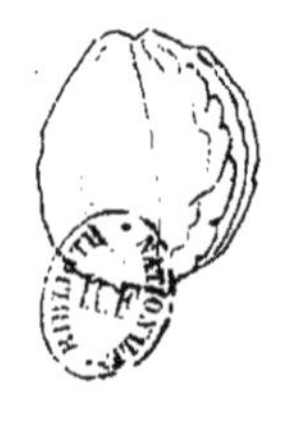

63 PERDRIGON TARDIF. 64 ABRICOTÉE ROUGE.

Peingeon, delt

Imp. Lith. Gauthier frères, à Lons-le-Saunier.

ABRICOTÉE ROUGE

(N° 64)

Nouveau traité des arbres fruitiers. LOISELEUR-DESLONGCHAMPS.
ROTHE APRIKOSENPFLAUME. *Systematische Anleitung zur Kenntniss der Pflaumen.* LIEGEL.
Illustrirtes Handbuch der Obstkunde. OBERDIECK.
ABRICOT ROUGE. *Niederlandischer Obstgarten.*
RED APRICOT. *The Fruits and the fruit-trees of America.* DOWNING.

OBSERVATIONS. — Cette variété est d'origine ancienne et inconnue, et peut-être plusieurs Prunes différentes ont porté le même nom et surtout en France, car la concordance sur la forme du fruit n'est pas entière entre les différents auteurs. Celle que je décris est bien l'Abricotée rouge de Liegel et d'Oberdieck. — L'arbre, de vigueur moyenne, est d'une végétation un peu capricieuse et forme une tête un peu irrégulière. Sa fertilité est précoce, grande et soutenue. Son fruit est de bonne qualité.

DESCRIPTION.

Rameaux de moyenne force, anguleux dans leur contour, droits, à entre-nœuds courts, d'un brun jaunâtre du côté de l'ombre, d'un brun rougeâtre sombre du côté du soleil, couverts d'un duvet extraordinairement court et peu épais.

Boutons à bois gros, coniques, épais, courtement aigus, à direction écartée du rameau, soutenus sur des supports saillants dont les côtés et l'arête médiane se prolongent distinctement ; écailles d'un marron peu foncé.

Pousses d'été d'un vert d'eau, lavées de rouge violet du côté du soleil et un peu duveteuses sur toute leur longueur.

Feuilles des pousses d'été assez grandes, elliptiques un peu allongées, se terminant un peu brusquement en une pointe courte et aiguë, à peine concaves ou presque planes, bordées de dents peu profondes, couchées et obtuses, soutenues horizontalement sur des pétioles très-courts, très-forts, horizontaux, duveteux et munis de deux très-grosses glandes réniformes.

Stipules courtes, lancéolées-étroites, le plus souvent une seule fois lobées à leur base.

Boutons à fruit moyens, conico-ovoïdes, courtement aigus, réunis sur des dards très-courts et un peu forts; écailles d'un marron peu foncé.

Fleurs grandes ; pétales elliptiques, dentés à leur sommet, peu concaves, peu écartés entre eux ; divisions du calice assez courtes, bien atténuées et obtuses à leur extrémité; pédicelles un peu longs, de moyenne force et glabres.

Feuilles des productions fruitières petites, obovales-élargies, très-brusquement et très-courtement atténuées vers le pétiole, souvent un peu convexes, bordées de dents extraordinairement peu profondes, couchées et plus ou moins aiguës, soutenues sur des pétioles un peu longs et de moyenne force.

Caractère saillant de l'arbre : teinte générale du feuillage d'un vert bleu sombre et peu brillant; pétioles des feuilles des pousses d'été extraordinairement courts et très-forts, munis de glandes très-grosses et décidément réniformes ; toutes les feuilles presque planes ou même un peu convexes.

Fruit moyen, sphérico-ovoïde court et épais, épaissi et largement tronqué du côté de la queue, assez sensiblement atténué et bien obtus du côté du point pistillaire, bien convexe par ses joues, également convexe par ses faces dont l'une à peine comprimée est traversée par un sillon étroit et très-peu profond.

Peau fine, mince, d'abord d'un pourpre clair, puis passant à la maturité, milieu d'août, au pourpre plus décidé et recouvert d'une fleur violette, fine et peu adhérente. Point pistillaire rouge, placé dans un creux bien accentué et dont les bords bien réguliers permettent au fruit de se tenir solidement debout.

Queue courte, un peu forte, attachée dans une cavité profonde et bien évasée.

Chair jaunâtre, fine, tendre, fondante, abondante en jus sucré et délicatement parfumé.

Noyau proportionné au volume du fruit, irrégulièrement ellipsoïde, tronqué obliquement sur une petite étendue à son point d'attache à la queue, largement obtus à son autre extrémité, à joues un peu bombées par leur partie centrale, traversées par un pli bien prononcé, soit vers le point d'attache, soit du côté de la pointe, un peu raboteuses et se détachant de la chair; suture ventrale imparfaitement sillonnée, fermée, très-saillante vers la pointe qu'elle repousse un peu de côté ; arête dorsale très-épaisse, saillante, finement tranchante seulement vers le point d'attache ; rainures latérales très-étroites et très-peu profondes.

FROMENT AMÉRICAIN

(AMERICAN WHEAT)

(N° 65)

The Fruits and the fruit-trees of America. Downing.
The american fruit Culturist. Thomas.

Observations. — Downing ne donne aucune indication sur l'origine de cette variété, ni l'explication de son nom dont il est assez difficile de concevoir la cause. — L'arbre, de vigueur moyenne, forme une tête irrégulière, peu compacte, à branches divergentes, souples et pendantes. Sa fertilité est précoce et grande. Son fruit, malheureusement un peu petit, est de première qualité.

DESCRIPTION.

Rameaux grêles, obscurément anguleux dans leur contour, droits, à entre-nœuds courts, d'un brun jaunâtre à l'ombre, d'un rouge violet du côté du soleil et glabres sur toute leur longueur.

Boutons à bois assez petits, coniques-allongés, maigres et finement aigus, à direction presque parallèle au rameau, soutenus sur des supports saillants dont les côtés et l'arête médiane se prolongent peu distinctement ; écailles d'un marron rougeâtre terne.

Pousses d'été d'un vert clair et vif, lavées de rouge vineux du côté du soleil et glabres sur toute leur longueur.

Feuilles des pousses d'été petites, ovales ou obovales-arrondies, un peu obtuses ou un peu aiguës à leur extrémité, très-largement creusées en gouttière et à peine arquées, très-finement et très-peu profondément crénelées plutôt que dentées, bien fermes sur leurs pétioles très-courts, très-grêles, bien redressés, glabres et munis de deux très-petites glandes globuleuses d'un vert clair.

Stipules assez courtes, lancéolées, une fois lobées à leur base.

Boutons à fruit très-petits, conico-ovoïdes et bien finement aigus, réunis assez peu nombreux sur des dards courts et un peu forts ; écailles d'un marron rougeâtre un peu vif et brillant.

Fleurs moyennes ; pétales elliptiques-élargis, peu concaves, se recouvrant entre eux ; divisions du calice courtes et bien obtuses ; pédicelles courts, grêles et glabres.

Feuilles des productions fruitières petites, obovales un peu élargies, obtuses à leur extrémité, presque planes, bordées de dents fines, peu profondes, recourbées et peu aiguës, bien soutenues sur des pétioles très-courts et très-grêles.

Caractère saillant de l'arbre : feuilles des pousses d'été d'un vert pré vif et brillant ; feuilles des productions fruitières d'un vert herbacé foncé et terne ; toutes les feuilles petites ; tous les pétioles très-courts et très-grêles ; rameaux bien fluets.

Fruit très-petit, sphérique, arrondi en demi-sphère du côté de la queue, à peine tronqué du côté du point pistillaire, bien convexe par ses joues, également convexe par ses faces dont l'une est traversée par un sillon étroit et peu profond.

Peau fine, mince, d'abord et longtemps d'avance d'un pourpre clair, puis passant à la maturité, **milieu et fin de septembre**, au pourpre plus intense recouvert d'une fleur bleue, bien fine et peu dense. Point pistillaire large, jaunâtre, attaché dans une petite dépression à l'extrémité du sillon.

Queue un peu longue, bien grêle, attachée presque à fleur du fruit dans une cavité très-étroite et très-peu profonde.

Chair jaune, fine, tendre, suffisante en jus richement sucré et parfumé.

Noyau proportionné au volume du fruit, ovo-ellipsoïde et un peu élargi, largement tronqué à son point d'attache à la queue, très-largement obtus à son autre extrémité surmontée d'une très-petite pointe, à joues peu bombées, traversées sur toute leur hauteur par un pli fin, un peu chagrinées et se détachant de la chair ; suture ventrale largement et profondément sillonnée, unie par ses bords ; arête dorsale un peu épaisse, saillante et tranchante sur toute sa longueur ; rainures latérales finement creusées.

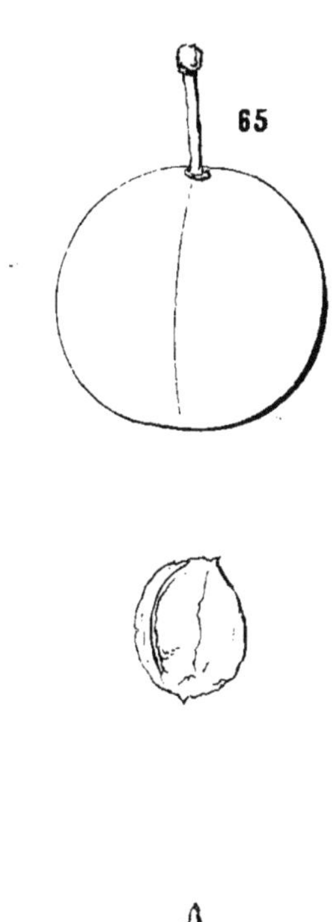

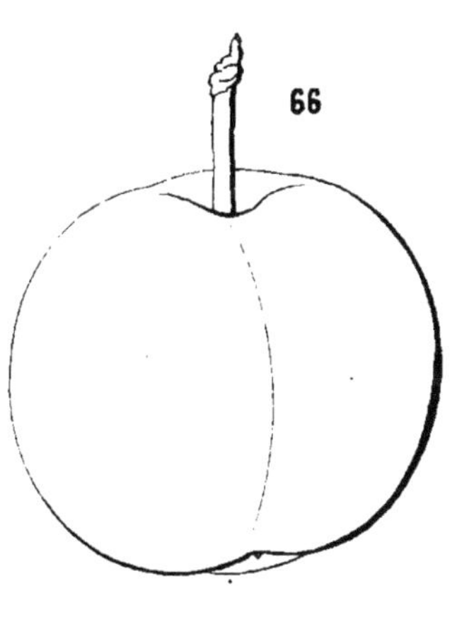

.65 FROMENT AMÉRICAIN. 66 OBERLEY.

Peingeon. del.t Imp. Lith. Gauthier frères, Lons

OBERLEY

(N° 66)

The Fruits and the fruit-trees of America. Downing.

Observations. — Cette variété, d'après Downing, fut obtenue sur la ferme de M. Oberley, comté de Northampton, Pensylvanie. Elle est aussi connue sous le synonyme Oberley's Greenwood, Bois vert d'Oberley, qui lui a été donné sans doute pour la couleur vraiment caractéristique de ses rameaux. — L'arbre, de bonne vigueur, forme une tête irrégulière dont les branches bien divergentes se recourbent et deviennent un peu pendantes avec l'âge. Sa fertilité est précoce et très-grande. Son fruit, de jolie apparence, est aussi de bonne qualité.

DESCRIPTION.

Rameaux peu forts, anguleux dans leur coutour, un peu flexueux, à entre-nœuds courts, d'un vert très-clair, un peu teinté de jaune et à peine lavé de brun clair du côté du soleil, glabres sur toute leur longueur et non recouverts d'une pellicule du côté du soleil.

Boutons à bois moyens, coniques, finement aigus, à direction très-peu écartée du rameau, soutenus sur des supports saillants dont les côtés et l'arête médiane se prolongent sensiblement ; écailles d'un marron très-clair et ombré de gris.

Pousses d'été d'un vert clair et vif, soit du côté de l'ombre, soit du côté du soleil, glabres sur toute leur longueur.

Feuilles des pousses d'été grandes, arrondies ou obovales-arrondies, se terminant un peu brusquement en une pointe courte et large, convexes et bien arquées, largement et bien profondément crénelées et surcrénelées, se recourbant sur des pétioles de moyenne longueur, très-forts, très-peu redressés, presque horizontaux, glabres et munis de deux glandes globuleuses vertes, pédicellées.

Stipules longues, lancéolées-étroites, deux ou trois fois lobées à leur base.

Boutons à fruit petits, conico-ovoïdes, finement aigus, peu nombreux sur des dards assez courts et grêles ; écailles d'un marron clair et terne.

Fleurs moyennes ; pétales obovales-arrondis, peu concaves, lavés de jaune ; divisions du calice longues, non atténuées et bien obtuses à leur extrémité ; pédicelles longs, un peu forts et glabres.

Feuilles des productions fruitières presque moyennes, ovales un peu allongées et un peu larges, courtement et peu sensiblement atténuées vers le pétiole, un peu aiguës ou peu obtuses à leur extrémité, planes, bordées de dents larges, assez profondes, un peu recourbées et obtuses, soutenues sur des pétioles un peu longs et forts.

Caractère saillant de l'arbre : teinte générale du feuillage d'un vert pré clair, vif et un peu brillant ; feuilles des pousses d'été larges, tendant bien à la forme arrondie et bien arquées, soutenues sur des pétioles remarquablement forts.

Fruit moyen ou assez gros, sphérico-ellipsoïde, largement tronqué du côté de la queue, un peu moins largement du côté du point pistillaire, assez convexe par ses joues, très-largement convexe un peu comprimé par ses faces dont l'une est traversée par un sillon très-peu prononcé, parfois seulement indiqué.

Peau très-mince, presque transparente, d'abord d'un vert pâle, puis passant à la maturité, fin d'août, au jaune doré, le plus souvent entièrement recouvert d'un pourpre rosat vif, à peine voilé par une fleur très-légère d'un blanc lilas. Point pistillaire jaunâtre, attaché dans une petite dépression un peu évasée.

Queue de moyenne longueur, de moyenne force, attachée dans une cavité assez profonde et bien évasée.

Chair d'un jaune intense, fine, tendre, fondante, ruisselante en jus richement sucré et parfumé.

Noyau petit pour le volume du fruit, assez régulièrement ovoïde et épais, plutôt obtus que tronqué à son point d'attache à la queue, se terminant un peu brusquement à son autre extrémité en une point courte, à joues bien bombées, un peu raboteuses, adhérant à la chair et s'en détachant cependant à l'extrême maturité ; suture ventrale largement et peu profondément sillonnée, presque unie par ses bords ; arête dorsale bien épaisse, peu saillante, tranchante sur une petite étendue du côté du point d'attache, émoussée sur le reste de sa longueur ; rainures latérales étroites et peu profondes.

ABRICOTÉE

(Nº 67)

Traité des arbres fruitiers. DUHAMEL.

ABRICOTÉE DE TOURS. *Traité complet sur les pépinières.* CALVEL.

Nouveau traité des arbres fruitiers. LOISELEUR-DESLONGCHAMPS.

GELBE APRICOSENARTIGE PFLAUME. *Systematisches Handbuch der Obstkunde.* DITTRICH.

Handbuch über die Obstbaumzucht. CHRIST.

APRIKOSENARTIGE PFLAUME. *Illustrirtes Handbuch der Obstkunde.* OBERDIECK.

APRICOT. YELLOW APRICOT. OLD APRICOT. *The Fruits and the fruit-trees of America.* DOWNING.

The fruit Manual. ROBERT HOGG.

OBSERVATIONS. — Cette variété serait-elle originaire de Tours, comme l'indique un de ses synonymes ? Ce qu'il m'est permis d'affirmer c'est qu'elle était anciennement estimée et mérite que cette faveur lui soit continuée. — L'arbre, de vigueur normale, forme une tête de moyenne dimension, sphérique-déprimée. Sa fertilité est précoce et grande, et son fruit est de première qualité.

DESCRIPTION.

Rameaux assez peu forts, presque unis dans leur contour, droits, à entre-nœuds courts, jaunâtres du côté de l'ombre, d'un rouge violet presque noir et voilé d'une pellicule gris de plomb du côté du soleil, d'un rouge vif à leur partie supérieure un peu couverte d'un duvet gris.

Boutons à bois assez gros, coniques-allongés et aigus, parallèles ou presque parallèles au rameau, soutenus sur des supports peu saillants dont les côtés et l'arête médiane se prolongent obscurément ; écailles d'un marron noirâtre terne.

Pousses d'été d'un vert clair, lavées de rouge sanguin intense du côté du soleil, presque glabres ou couvertes d'un duvet très-court et très-fin.

Feuilles des pousses d'été moyennes, obovales-élargies, largement obtuses à leur extrémité brusquement surmontée d'une pointe extraordinairement courte, un peu repliées sur leur nervure médiane et un peu arquées, souvent largement ondulées dans leur contour, très-finement et peu profondément crénelées et surcrénelées, bien fermes sur des pétioles courts, très-grêles et redressés.

Stipules courtes, lancéolées-étroites.

Boutons à fruit petits, conico-ovoïdes, aigus, réunis nombreux sur des dards courts et forts; écailles d'un marron noirâtre terne.

Fleurs petites ; pétales elliptiques, bien concaves; divisions du calice ovales, un peu atténuées et peu obtuses à leur extrémité ; pédicelles courts et un peu forts.

Feuilles des productions fruitières assez petites, obovales un peu allongées, assez sensiblement atténuées vers le pétiole et bien obtuses à leur extrémité, à peine concaves, bordées de dents fines, peu profondes, couchées et aiguës, soutenues sur des pétioles courts et grêles.

Caractère saillant de l'arbre: teinte générale du feuillage d'un vert herbacé un peu brillant ; toutes les feuilles finement et peu profondément dentées ou crénelées ; tous les pétioles courts et grêles.

Fruit moyen ou presque moyen, sphérique un peu déprimé à ses deux pôles, assez largement tronqué du côté de la queue et un peu moins largement du côté du point pistillaire, bien convexe par ses joues, également convexe par ses faces dont l'une est traversée par un sillon étroit et peu prononcé.

Peau fine, se détachant de la chair, d'abord d'un vert très-pâle, puis passant à la maturité, milieu d'août, au vert jaunâtre richement doré ou taché de rouge du côté du soleil et recouvert d'une fleur blanche, bien fine et peu dense. Point pistillaire jaunâtre, attaché dans une cavité bien creusée à l'extremité du sillon.

Queue courte, un peu forte, attachée dans une cavité peu profonde et évasée.

Chair d'un jaune intense, bien semblable à celle d'un abricot, un peu ferme, consistante, suffisante en jus richement sucré et parfumé.

Noyau bien petit pour le volume du fruit, irrégulièrement ellipsoïde-arrondi, largement tronqué et échancré à son point d'attache à la queue, très-largement et obliquement obtus à son autre extrémité surmontée d'une pointe peu appréciable, à joues peu bombées, chagrinées et se détachant parfaitement de la chair ; suture ventrale assez largement et profondément sillonnée, unie par ses bords ; arête dorsale un peu épaisse, saillante et tranchante du côté du point d'attache, moins saillante et aplanie sur le reste de son étendue; rainures latérales finement et peu profondément creusées.

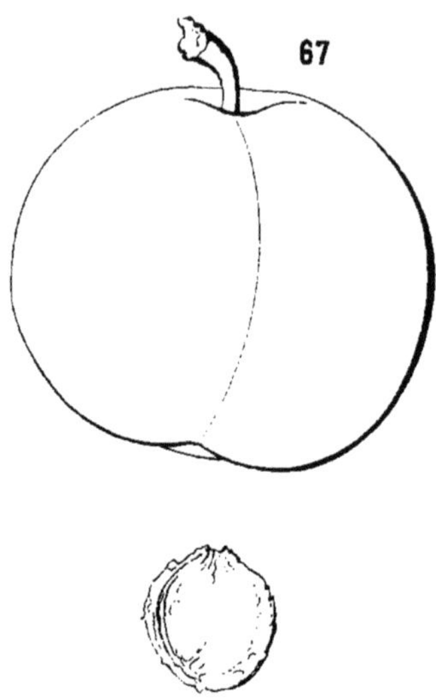

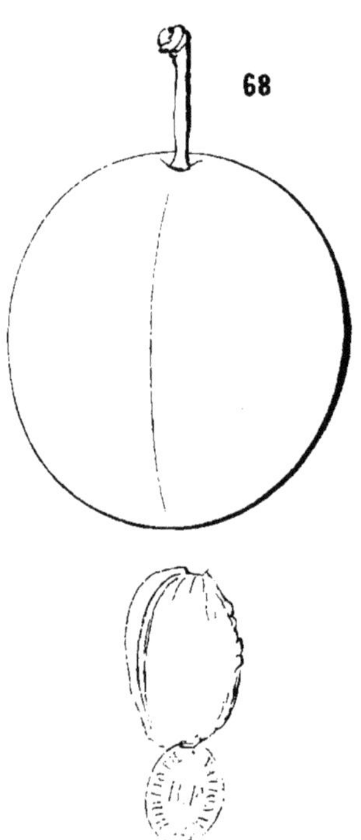

67 ABRICOTÉE. 68 DIAPRÉE ROUGE.

Peingeon, del.t

Imp. Lith. Gauthier frères, à Lons-le-S.

DIAPRÉE ROUGE

(ROTHE DIAPRÉ)

(N° 68)

Systematisches Handbuch der Obstkunde. DITTRICH.
Illustrirtes Handbuch der Obstkunde. OBERDIECK.
DIAPRÉE ROUGE. ROCHE-CORBON. *Traité des arbres fruitiers.* DUHAMEL ?

OBSERVATIONS. — Si cette variété, que je tiens de M. Jahn, est bien certainement la Diaprée rouge d'Oberdieck et de Dittrich, j'éprouve quelque doute à l'assimiler à celle de Duhamel dont le fruit est bien de même forme et de même couleur mais dont l'arbre porte des rameaux duveteux, tandis que la Diaprée rouge des Allemands a des rameaux glabres. Notre variété diffère encore plus sûrement de la Diaprée rouge de Downing et de Robert Hogg, qui la décrivent très-brièvement, il est vrai, mais accordent à son fruit un volume beaucoup plus développé. La Diaprée rouge de Loiseleur-Deslongchamps, dans le *Nouveau* traité des arbres fruitiers, semble être la même que celle des auteurs anglais. — L'arbre, d'assez peu de vigueur, forme une tête de moyenne dimension, un peu disposée en buisson et ne se prête pas aux formes régulières. Sa fertilité est précoce et grande et son fruit est de première qualité.

DESCRIPTION.

Rameaux peu forts, unis dans leur contour, droits, à entre-nœuds courts, d'un rouge vineux très-intense à leur partie supérieure, d'un rouge violet à leur partie inférieure recouverte d'une pellicule grise.

Boutons à bois très-petits, coniques, courts, courtement et très-finement aigus, à direction un peu écartée du rameau, soutenus sur des supports peu saillants dont les côtés et l'arête médiane ne se prolongent pas ; écailles d'un marron rougeâtre foncé et terne.

Pousses d'été d'un vert pâle, lavées de rouge clair du côté du soleil et glabres sur toute leur longueur.

Feuilles des pousses d'été ovales ou un peu obovales, se terminant régulièrement en une pointe peu aiguë, bordées de dents peu profondes et obtuses, bien soutenues sur des pétioles très-courts, très-grêles, redressés et glabres ; deux très-petites glandes jaunes sont ordinairement attachées à la base du limbe.

Stipules très-courtes, fines, d'un jaune clair et le plus souvent une seule fois lobées à leur base.

Boutons à fruit très-petits, conico-ovoïdes, aigus, assez nombreux sur des dards assez courts et un peu forts ; écailles d'un marron rougeâtre finement bordé de gris blanchâtre.

Fleurs très-petites ; pétales elliptiques-arrondis, concaves, un peu écartés entre eux ; divisions du calice un peu longues, régulièrement atténuées et aiguës à leur extrémité ; pédicelles courts et extraordinairement grêles.

Feuilles des productions fruitières petites, obovales, courtement atténuées vers le pétiole, peu obtuses à leur extrémité, peu repliées sur leur nervure médiane ou presque planes, bordées de dents très-fines, très-peu profondes, recourbées et un peu aiguës, soutenues sur des pétioles très-courts et très-grêles.

Caractère saillant de l'arbre : teinte générale du feuillage d'un vert bleu un peu intense ; toutes les feuilles petites ; tous les pétioles très-courts et très-grêles.

Fruit moyen, ovoïde un peu allongé, bien arrondi du côté de la queue et s'atténuant assez sensiblement pour se terminer à son autre extrémité en une pointe obtuse, largement convexe par ses joues, un peu moins convexe par ses faces dont l'une est traversée par un sillon peu prononcé.

Peau un peu ferme, d'abord d'un vert un peu jaune lavé et taché de pourpre clair, puis à la maturité, milieu et fin d'août, entièrement coloré de pourpre cerise, maculé de pourpre vineux et recouvert d'une fleur d'un gris bleu. Point pistillaire jaunâtre, attaché dans un très-petit creux à l'extrémité du sillon.

Queue de moyenne longueur, attachée presque à fleur du fruit dans une cavité très-étroite et très-peu profonde.

Chair jaune, fine, tassée, un peu ferme, abondante en jus sucré, vineux et agréablement parfumé.

Noyau assez petit pour le volume du fruit, ovo-ellipsoïde et allongé, tronqué et échancré un peu obliquement à son point d'attache à la queue, obtus à son autre extrémité, à joues très-peu bombées, à peine plissées, un peu raboteuses et se détachant bien de la chair ; suture ventrale largement et peu profondément sillonnée ; arête dorsale peu épaisse, peu saillante, aplanie ; rainures latérales étroites et peu profondes.

IMPÉRIALE DE TURQUIE

(IMPERIAL OTTOMAN)

(N° 69)

The Fruits and the fruit-trees of America. DOWNING.
The american fruit Culturist. THOMAS.
OTTOMANISCHE KAISERPFLAUME. *Systematisches Handbuch der Obstkunde.* DITTRICH.
Illustrirtes Handbuch der Obstkunde. JAHN.

OBSERVATIONS. — Downing dit que cette variété est réputée originaire de Turquie, mais sans qu'il existe une certitude de cette provenance. — L'arbre, d'assez grande vigueur, forme une tête élevée, peu compacte et ne pourrait s'accommoder des formes régulières. Sa fertilité est précoce et bonne et son fruit est de bonne qualité.

DESCRIPTION.

Rameaux peu forts, allongés et fluets à leur partie supérieure, obscurément anguleux dans leur contour, droits, à entre-nœuds courts, d'un brun rougeâtre en partie voilé d'une pellicule grise du côté du soleil à leur partie inférieure, d'un rouge vineux intense à leur sommet et glabres sur toute leur longueur.

Boutons à bois très-petits, coniques, très-courts, épais et courtement aigus, les uns parallèles au rameau, les autres à direction très-peu écartée, soutenus sur des supports saillants dont l'arête se prolonge plus ou moins distinctement; écailles d'un marron rougeâtre foncé et un peu brillant.

Pousses d'été d'un vert d'eau, lavées de rose du côté du soleil et glabres sur toute leur longueur.

Feuilles des pousses d'été moyennes, elliptiques-élargies, ou elliptiques-arrondies, se terminant un peu brusquement en une pointe courte et obtuse, à peine repliées sur leur nervure médiane ou presque planes, à peine arquées, parfois très-largement ondulées dans leur contour, bordées de dents profondes, surdentées et un peu aiguës, soutenues horizontalement sur des pétioles courts, forts, horizontaux, un peu duveteux et un peu teintés de rose; deux glandes globuleuses d'un vert d'eau sont attachées à la base du limbe.

Stipules de moyenne longueur, lancéolées, très-profondément dentées, très-profondément divisées à leur base en deux lobes dont l'un très-grand est aussi profondément denté.

Boutons à fruit très-petits, conico-ovoïdes, courts et émoussés, réunis sur des dards assez courts et grêles ; écailles d'un marron foncé et terne.

Fleurs petites; pétales irrégulièrement elliptiques, atténués vers l'onglet, élargis, arrondis ou tronqués à leur sommet parfois denté ou échancré, chiffonnés dans leur contour, se recouvrant largement entre eux ; divisions du calice courtes, peu atténuées et bien obtuses à leur extrémité ; pédicelles longs, de moyenne force et glabres.

Feuilles des productions fruitières assez grandes, obovales-elliptiques, courtement et brusquement atténuées vers le pétiole, obtuses à leur extrémité, à peine concaves ou planes, bordées de dents un peu profondes, un peu couchées et un peu aiguës, soutenues sur des pétioles courts et un peu forts.

Caractère saillant de l'arbre : teinte générale du feuillage d'un vert bleu peu foncé et très-mat ; stipules remarquablement dentées ou laciniées et profondément lobées ; tous les pétioles courts et forts.

Fruit petit ou à peine moyen, sphérico-ellipsoïde, se terminant en demi-sphère du côté de la queue et s'atténuant un peu plus pour se terminer aussi en demi-sphère du côté du point pistillaire, largement convexe par ses joues et bien également convexe par ses faces dont l'une est traversée par un sillon le plus souvent seulement indiqué par une ligne de suture.

Peau fine, mince, d'abord d'un vert très-clair, puis passant à la maturité, **milieu d'août**, au jaune clair et devenant un peu transparente ; une fleur blanche, un peu dense, la recouvre entièrement. Point pistillaire large, jaunâtre, attaché à fleur du fruit.

Queue longue, de moyenne force, un peu duveteuse, attachée dans une cavité étroite et un peu profonde.

Chair d'un jaune clair, fine, un peu consistante, suffisante en jus sucré, acidulé, relevé et agréable.

Noyau un peu petit pour le volume du fruit, ovoïde un peu élargi et un peu comprimé, un peu atténué et un peu tronqué à son point d'attache à la queue, se terminant peu brusquement à son autre extrémité en une pointe très-courte, à joues peu bombées, une seule fois et sensiblement plissées vers le point d'attache, presque unies sur le reste de leur surface, se détachant de la chair contrairement à la description de Robert Hogg et de Downing ; suture ventrale imparfaitement sillonnée et unie par ses bords ; arête dorsale peu épaisse, un peu saillante et tranchante seulement par sa partie la plus rapprochée du point d'attache ; rainures latérales très-fines et très-peu profondes.

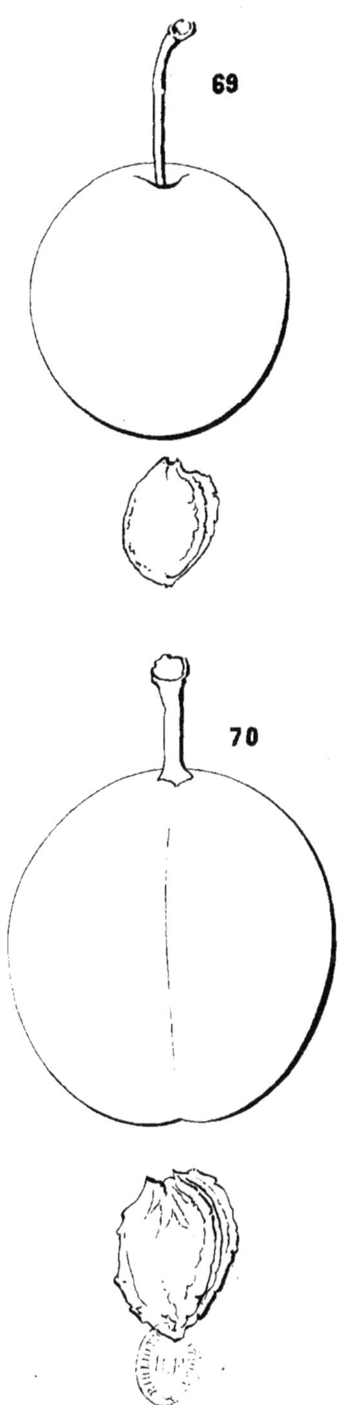

69 IMPÉRIALE DE TURQUIE. 70 IMPÉRIALE VIOLETTE.

Peingeon, del.

Imp. Gauthier frères, à Lons-l.

IMPÉRIALE VIOLETTE

(N° 70)

Traité des arbres fruitiers. DUHAMEL.
Catalogue des pépinières royales de Vilvorde. DE BAVAY.
VIOLETTE ODER BLAUE KAISERPFLAUME. *Systematisches Handbuch der Obstkunde.* DITTRICH.
BLAUE KAISERPFLAUME, PRINZESSINPFLAUME. *Handbuch über die Obstbaumzucht.* CHRIST.

OBSERVATIONS. — J'ai reçu cette variété de M. de Bavay ; elle semble se rapporter assez bien à celle décrite par Duhamel, sous le même nom. Elle me paraît aussi assez identique avec l'Impériale bleue ou violette de Dittrich et de Christ. Toutefois, je crois que ce nom d'Impériale violette a été donné à plusieurs fruits différents et que la confusion, au sujet de cette variété, est grande parmi les auteurs allemands et anglais. — L'arbre, de grande vigueur, forme une tête élevée et assez compacte. Sa végétation s'accommode peu des formes régulières. Sa fertilité est précoce, grande et soutenue. Son fruit est bon, mais sa saveur n'est pas assez distinguée pour le ranger parmi les prunes de première qualité.

DESCRIPTION.

Rameaux de moyenne force, très-finement anguleux dans leur contour, presque droits, à entre-nœuds courts, jaunâtres du côté de l'ombre, d'un rouge bruni et brillant du côté du soleil, entièrement glabres et luisants sur toute leur longueur.

Boutons à bois assez gros, coniques, courts, bien épais à leur base, courtement aigus, à direction écartée du rameau, soutenus sur des supports extraordinairement saillants dont les côtés et l'arête médiane se prolongent finement ; écailles d'un marron rougeâtre peu foncé et terne.

Pousses d'été d'un vert d'eau, lavées de rouge violet du côté du soleil et glabres sur toute leur longueur.

Feuilles des pousses d'été moyennes, ovales un peu arrondies, se terminant assez brusquement en une pointe longue, large et bien aiguë, planes ou presque planes, bordées de dents larges, profondes, souvent surdentées et obtuses, bien soutenues sur des pétioles courts, peu forts, presque horizontaux et glabres; deux grosses glandes jaunes et souvent réniformes sont ordinairement attachées à la base du limbe.

Stipules de moyenne longueur, lancéolées, finement et profondément dentées et le plus souvent une fois lobées à leur base.

Boutons à fruit petits, conico-ovoïdes, aigus, réunis sur des dards courts et un peu forts; écailles d'un marron foncé et terne.

Fleurs moyennes; pétales ovales arrondis, concaves, très-finement dentés dans la plus grande partie de leur contour; divisions du calice assez courtes, ovales et un peu réfléchies en dessous; pédicelles courts et forts.

Feuilles des productions fruitières presque moyennes, régulièrement ovales, peu obtuses à leur extrémité, presque planes, bordées de dents fines, un peu profondes, couchées et bien aiguës, soutenues sur des pétioles de moyenne longueur et forts.

Caractère saillant de l'arbre: teinte générale du feuillage d'un vert herbacé un peu intense et mat; feuilles inférieures des pousses d'été extraordinairement plus amples que les feuilles supérieures; toutes les feuilles planes ou presque planes.

Fruit assez gros, ovo-ellipsoïde, bien obtus du côté de la queue, s'atténuant à peine un peu plus et plus largement obtus ou même un peu tronqué du côté du point pistillaire, peu convexe par ses joues, largement convexe un peu comprimé par une de ses faces, également convexe par la face opposée traversée par un sillon large, tantôt peu profond, tantôt plus prononcé.

Peau bien fine, se détachant bien de la chair, d'abord d'un joli pourpre vif, puis passant à la maturité, fin d'août, au pourpre presque noir et souvent recouvert, du côté du soleil, d'une sorte de réseau formé par de petits traits d'un jaune doré; une fleur bleue, assez dense, recouvre sa surface. Point pistillaire blanchâtre, attaché dans un petit creux à l'extrémité du sillon.

Queue assez courte, bien forte, de couleur bois, attachée dans une cavité étroite et un peu profonde.

Chair jaune, tendre, fondante, abondante en jus richement sucré et parfumé.

Noyau proportionné au volume du fruit, ovoïde un peu élargi et comprimé, bien échancré à son point d'attache à la queue, obtus à son autre extrémité, à joues très-peu bombées, finement et courtement plissées vers le point d'attache, bien raboteuses, se détachant de la chair; suture ventrale étroitement et peu profondément sillonnée, bien crénelée par ses bords; arête dorsale peu épaisse, saillante et bien tranchante surtout vers le point d'attache; rainures latérales étroites et bien creusées.

LÉPINE

(N° 71)

Catalogue Papeleu 1853-1854.
Illustrirtes Handbuch der Obstkunde. OBERDIECK.

OBSERVATIONS. — Je tiens cette variété de M. Papeleu et je cite la notice qui lui est consacrée dans son Catalogue de 1853-1854 : « C'est à M. Lépine que je dois cette variété. Voici ce qu'il m'en écrit : prune un peu moins grosse que la Reine-Claude verte, noire, ronde, très-sucrée et la meilleure pour pruneaux ; arbre d'une taille moyenne, à rameaux grêles, mais ne se cassant jamais sous le poids énorme des fruits qu'il porte chaque année. Cet arbre possède encore le rare avantage de ne jamais souffrir des gelées tardives quoiqu'il soit originaire des parties les plus froides du Luxembourg. La maturité a lieu en novembre et les prunes bien cueillies peuvent se conserver jusqu'en décembre et janvier. » J'ajouterai que quoique le sujet de Prune Lépine que je possède soit parfaitement identique à la description donnée par M. Oberdieck, je n'ai jamais vu, chez moi, son fruit atteindre une maturité aussi tardive que celle qu'il indique avec M. Papeleu. — L'arbre, de vigueur normale, forme une tête sphérique-déprimée, bien compacte, à branches un peu pendantes et s'accommode assez bien des formes régulières soumises à la taille. Il est rustique, d'une fertilité très-précoce et très-grande. Son fruit un peu inconstant dans sa qualité, suivant la saison, est tantôt réellement bon pour la table, tantôt seulement propre à sécher.

DESCRIPTION.

Rameaux peu forts, unis dans leur contour, presque droits, à entre-nœuds très-courts, d'un brun jaunâtre du côté de l'ombre, d'un brun violet sombre du côté du soleil et glabres sur toute leur longueur.

Boutons à bois moyens, coniques un peu allongés et finement aigus, à direction un peu écartée du rameau, soutenus sur des supports très-saillants dont les côtés et l'arête médiane ne se prolongent pas ; écailles d'un marron noirâtre et terne.

Pousses d'été d'un vert pâle, lavées de rouge rosat clair du côté du soleil et couvertes sur toute leur longueur d'un duvet extraordinairement court, presque imperceptible.

Feuilles des pousses d'été très-petites, ovales, se terminant régulièrement en une pointe bien aiguë et recourbée en dessous, largement repliées sur leur nervure médiane et un peu arquées, bordées de dents fines, peu profondes, recourbées et plus ou moins aiguës, bien fermes sur leurs pétioles extraordinairement courts, redressés, presque glabres et munis de deux très-petites glandes globuleuses d'un vert clair.

Stipules très-courtes, fines, une fois lobées à leur base et très-caduques.

Boutons à fruit moyens, conico-ovoïdes, bien aigus, réunis nombreux sur des dards très-courts et très-forts ; écailles d'un marron peu foncé et peu brillant.

Fleurs petites ; pétales elliptiques-élargis, largement arrondis à leur sommet, se recouvrant ou se touchant entre eux ; divisions du calice courtes, un peu atténuées et un peu obtuses à leur extrémité ; pédicelles très-courts, un peu forts et glabres.

Feuilles des productions fruitières petites, obovales bien allongées, étroites, longuement et sensiblement atténuées vers le pétiole, aiguës ou presque aiguës à leur extrémité, bien creusées en gouttière et à peine arquées, bordées de dents fines, peu profondes, recourbées et aiguës, bien fermes sur leurs pétioles très-courts et très-grêles.

Caractère saillant de l'arbre : teinte générale du feuillage d'un vert bleu un peu intense et mat ; feuilles des productions fruitières sensiblement allongées ; toutes les feuilles petites et garnies d'une serrature fine et peu profonde ; tous les pétioles extraordinairement courts et plus ou moins grêles.

Fruit moyen, presque régulièrement sphérique, se terminant en deux demi-sphères presque égales, soit du côté de la queue, soit du côté du point pistillaire, bien convexe par ses joues, également convexe par ses faces dont l'une cependant souvent un peu comprimée est traversée par un sillon, tantôt large et peu profond, tantôt très-peu prononcé.

Peau fine, souple, se détachant de la chair à l'entière maturité, d'abord d'un pourpre foncé, puis passant à la maturité, commencement et milieu de septembre, au pourpre brun très-intense et recouvert d'une fleur bleue et épaisse. Point pistillaire très-large, jaunâtre, attaché dans une dépression très-peu profonde, évasée et souvent ouverte du côté de l'entrée du sillon.

Queue courte, forte, bien boutonnée à son point d'attache au rameau, attachée dans une cavité très-étroite et très-peu profonde.

Chair verte, fine, fondante, abondante en jus sucré et agréablement relevé.

Noyau petit pour le volume du fruit, irrégulièrement ovoïde un peu comprimé, s'atténuant assez sensiblement pour se terminer en une petite pointe tronquée à son point d'attache à la queue, obliquement et largement obtus à son autre extrémité, à joues peu bombées, traversées par un pli assez saillant, chagrinées et se détachant bien de la chair ; suture ventrale largement et peu profondément sillonnée, presque unie par ses bords ; arête dorsale très-épaisse, saillante et tranchante seulement sur la moitié de sa longueur ; rainures latérales très-étroites et très-peu profondes.

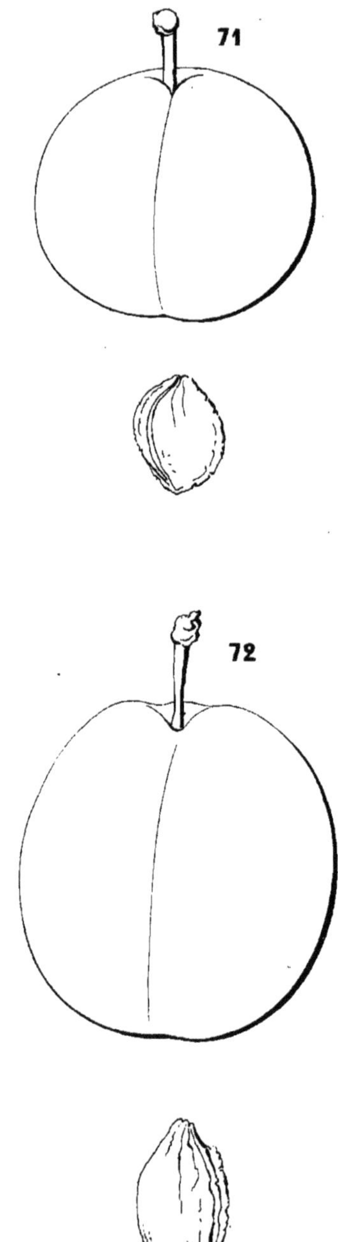

71 LÉPINE. 72 NORTH.

Peingeon, del.t

Imp. Gauthier frères à Lons-le-Saun.

NORTH

(N° 72)

The Fruits and the fruit-trees of America. DOWNING.

OBSERVATIONS. — Cette variété, d'après M. Downing, aurait été obtenue par le professeur North, de Clinton, New-York. — L'arbre, de vigueur normale, forme en haute tige une tête conique-renversée et peu compacte. Il peut s'accommoder des formes régulières et surtout de celle de vase. Sa fertilité est précoce et très-grande et son fruit de bonne qualité.

DESCRIPTION.

Rameaux de moyenne force, unis dans leur contour, droits, à entre-nœuds très-courts, bruns du côté de l'ombre, d'un beau violet un peu voilé d'une pellicule mince du côté du soleil, à peine duveteux à leur partie supérieure.

Boutons à bois très-petits, coniques, très-courts, épais à leur base et courtement aigus, à direction bien écartée du rameau, soutenus sur des supports bien renflés dont les côtés et l'arête médiane ne se prolongent pas; écailles d'un marron rougeâtre foncé et un peu brillant.

Pousses d'été d'un vert vif, lavées d'un beau rouge sanguin du côté du soleil et presque glabres sur la plus grande partie de leur longueur.

Feuilles des pousses d'été petites, ovales-élargies, courtement et brusquement atténuées vers le pétiole, se terminant régulièrement à leur autre extrémité en une pointe courte et aiguë, plus ou moins repliées sur leur nervure médiane et arquées, bordées de dents assez profondes, recourbées et peu aiguës, soutenues horizontalement sur des pétioles très-courts, grêles, à peine duveteux et horizontaux; deux petites glandes vertes sont ordinairement attachées à la base du limbe.

Stipules courtes, lancéolées, peu profondément dentées, le plus souvent une seule fois lobées à leur base.

Boutons à fruit très-petits, conico-ovoïdes, courtement aigus, réunis assez peu nombreux sur des dards un peu courts et un peu forts; écailles d'un marron rougeâtre terne.

Fleurs petites; pétales bien arrondis, concaves, se recouvrant un peu entre eux ; divisions du calice de moyenne longueur, peu atténuées et peu obtuses à leur extrémité ; pédicelles courts et grêles.

Feuilles des productions fruitières moyennes, obovales-allongées, peu sensiblement atténuées vers le pétiole, peu obtuses à leur extrémité, presque planes, largement ondulées dans leur contour ou contournées sur leur longueur, bordées de dents assez peu profondes, couchées et un peu aiguës, soutenues sur des pétioles très-courts et grêles.

Caractère saillant de l'arbre : teinte générale du feuillage d'un vert pré assez vif et peu brillant ; feuilles souvent largement ondulées ; tous les pétioles remarquablement courts et grêles.

Fruit assez gros, presque ellipsoïde, à peine un peu atténué et assez largement tronqué du côté de la queue, largement obtus à son autre extrémité, largement convexe par ses joues, très-largement convexe-comprimé par une de ses faces et à peine un peu plus convexe par la face opposée traversée par un sillon large et peu profond.

Peau fine, mince, d'abord d'un pourpre clair, puis passant à la maturité, **milieu et fin de septembre**, au pourpre plus intense et un peu voilé d'une fleur d'un bleu lilas et peu dense. Point pistillaire très-petit, rougeâtre, un peu saillant dans une très-petite cavité à l'extrémité du sillon.

Queue de moyenne longueur et de moyenne force, attachée dans une cavité large et profonde.

Chair jaune, fine, fondante, abondante en jus bien sucré, acidulé et parfumé.

Noyau proportionné au volume du fruit, un peu obovoïde, assez longuement et sensiblement atténué et très-peu tronqué à son point d'attache à la queue, presque régulièrement atténué à son autre extrémité en une pointe courte et peu aiguë, à joues peu bombées, traversées sur toute leur hauteur par un pli saillant, un peu raboteuses, extraordinairement comprimées vers l'arête dorsale et ne se détachant pas de la chair; suture ventrale très-étroitement et peu profondément sillonnée, unie par ses bords ; arête dorsale bien épaisse, peu saillante, vivement tranchante sur toute sa longueur ; rainures latérales extraordinairement fines, peu appréciables.

DAMAS D'HIVER

(WINTER DAMSON)

(N° 73)

The Fruits and the fruit-trees of America. DOWNING.
The american fruit Culturist. THOMAS.

OBSERVATIONS. — Cette sous-variété du Damas commun, probablement obtenue en Amérique, y est appréciée pour ses récoltes d'une abondance prodigieuse ; son fruit, ainsi que le dit Downing, peut rester sur l'arbre jusque au milieu de novembre, tandis que le Damas commun est détérioré par les premiers froids. Il est seulement bon aux usages de la cuisine et son principal mérite est d'arriver à maturité à une époque où les prunes fraîches manquent entièrement. — L'arbre, d'une végétation à peine moyenne, forme une tête irrégulière, conique-renversée et dont la fertilité est très-précoce. Il produit en pépinière dès la deuxième année.

DESCRIPTION.

Rameaux très-grêles, presque unis dans leur contour, presque droits, à entre-nœuds courts, rougeâtres du côté de l'ombre, d'un brun violet en partie voilé d'une pellicule plombée du côté du soleil, à peine duveteux à leur partie supérieure et glabres sur le reste de leur longueur.

Boutons à bois très-petits, souvent accompagnés de boutons à fruit, courts, obtus, à direction un peu écartée du rameau, soutenus sur des supports saillants dont les côtés et l'arête médiane se prolongent très-obscurément ; écailles d'un marron rougeâtre peu foncé et terne.

Pousses d'été d'un vert très-clair, lavées de rouge sanguin vif du côté du soleil et glabres sur presque toute leur longueur.

Feuilles des pousses d'été petites, ovales-arrondies, se terminant un peu brusquement en une pointe large et courte, peu repliées sur leur nervure médiane et arquées, sensiblement ondulées dans leur contour, bordées de dents fines, finement surdentées et aiguës, bien soutenues sur des pétioles très-courts, grêles, redressés et glabres ; deux très-petites glandes globuleuses jaunes sont ordinairement attachées aux dernières dents du limbe.

Stipules assez courtes, finement lancéolées et dentées, souvent plusieurs fois lobées à leur base.

Boutons à fruit petits, conico-ovoïdes, un peu aigus, réunis sur des dards courts et peu forts ; écailles d'un marron rougeâtre foncé et peu brillant.

Fleurs petites ; pétales obovales un peu élargis, peu concaves, un peu écartés entre eux ; divisions du calice assez courtes, peu atténuées et bien obtuses à leur extrémité ; pédicelles courts, extraordinairement grêles et glabres.

Feuilles des productions fruitières très-petites, obovales un peu allongées, peu atténuées vers le pétiole et obtuses à leur extrémité, largement creusées en gouttière et un peu arquées, bordées de dents bien fines, peu profondes et aiguës, bien soutenues sur des pétioles très-courts, très-grêles et redressés.

Caractère saillant de l'arbre : teinte générale du feuillage d'un vert bleu vif et cependant peu brillant ; feuilles des pousses d'été largement arrondies et remarquablement ondulées ; tous les pétioles très-courts et plus ou moins grêles.

Fruit bien petit, sphérico-ellipsoïde, également tronqué et sur une petite étendue à ses deux pôles, s'atténuant également, soit du côté de la queue, soit du côté du point pistillaire, bien convexe par ses joues, presque également convexe par ses faces dont l'une est traversée par un sillon presque effacé.

Peau ferme, d'abord d'un pourpre intense, puis passant à la maturité, fin d'automne, au pourpre noir, recouvert d'une fleur bleue et épaisse. Point pistillaire grisâtre, attaché dans un petit creux à l'extrémité du sillon.

Queue un peu longue, grêle, attachée presque à fleur du fruit dans une cavité très-étroite et très-peu profonde.

Chair jaune, fine, devenant fondante à l'extrême maturité, abondante en jus assez sucré, mais un peu entaché d'âpreté.

Noyau un peu gros pour le volume du fruit, ovoïde un peu élargi, à peine et un peu obliquement tronqué à son point d'attache à la queue, obtus à son autre extrémité surmontée d'une pointe extraordinairement petite, à joues peu bombées traversées sur leur hauteur par un pli peu saillant, un peu raboteuses et ne se détachant pas de la chair ; suture ventrale à peine sillonnée et unie par ses bords ; arête dorsale très-épaisse, non saillante et aplanie sur presque toute sa longueur ; rainures latérales très-finement creusées.

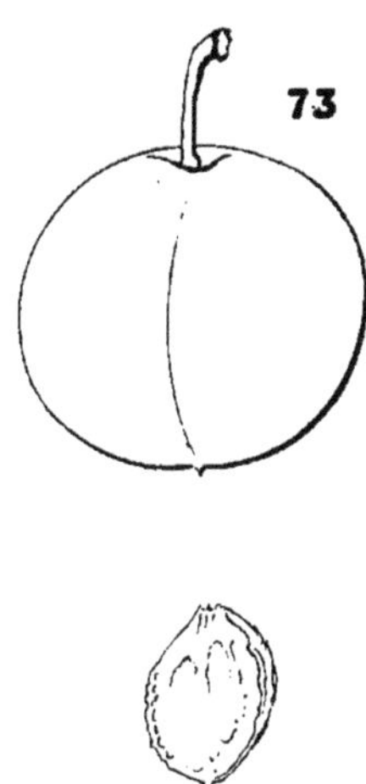

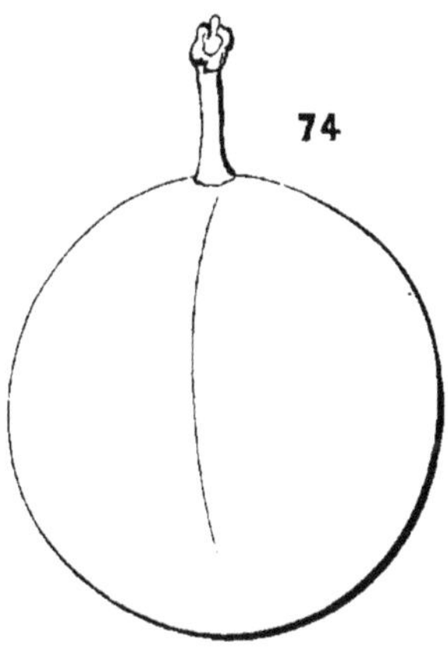

73 DAMAS D'HIVER. 74 TARDIVE MUSQUÉE.

Peingeon del^t

Imp. Gauthier frères, à Lons.

TARDIVE MUSQUÉE

(N° 74)

Revue horticole, 1864. CHARLES BALTET.
Revue horticole, 1871. O. THOMAS.

OBSERVATIONS. — Cette variété a été obtenue par MM. Baltet frères, pépiniéristes à Troyes (Aube), et ils la mirent au commerce en 1859. — L'arbre, d'une végétation un peu faible et irrégulière, forme une tête de moyenne dimension, à branches divergentes et pendantes. Sa fertilité précoce et bonne est cependant interrompue par des alternats assez complets. Son fruit est de première qualité.

DESCRIPTION.

Rameaux grêles ou assez grêles, anguleux dans leur contour, à peine flexueux, à entre-nœuds un peu longs, d'un brun jaunâtre du côté de l'ombre, d'un brun sombre du côté du soleil et couverts sur toute leur longueur d'un duvet court et peu abondant.

Boutons à bois petits, coniques, un peu épais, bien aigus, à direction écartée du rameau, soutenus sur des supports bien saillants dont les côtés et l'arête médiane se prolongent distinctement ; écailles d'un marron jaunâtre terne.

Pousses d'été d'un vert d'eau terne du côté de l'ombre, lavées de rose lilas du côté du soleil et duveteuses sur toute leur longueur.

Feuilles des pousses d'été assez grandes, obovales-elliptiques, se terminant très-brusquement en une pointe courte, plutôt convexes que concaves et souvent finement ondulées dans leur contour, parfois largement contournées ou recourbées en dessous par leur pointe, bordées de dents doubles, larges, peu profondes et obtuses, s'abaissant un peu sur des pétioles très-courts, très-forts, presque horizontaux et munis de très-petites glandes globuleuses pédicellées.

Stipules de moyenne longueur et deux ou trois fois lobées à leur base.

Boutons à fruit petits, coniques, courts, épais et courtement aigus, réunis sur des dards très-courts et un peu forts ; écailles d'un marron jaunâtre.

Fleurs très-petites ; pétales ovales-élargis, finement dentés à leur sommet, un peu teintés de jaune ; divisions du calice longues et presque aiguës à leur extrémité ; pédicelles courts et un peu forts.

Feuilles des productions fruitières bien plus petites que celles des pousses d'été, obovales-étroites et allongées, très-sensiblement atténuées vers le pétiole, se terminant à leur autre extrémité en une pointe nulle, bien creusées en gouttière et un peu arquées, bordées de dents fines, peu profondes et un peu aiguës, bien soutenues sur des pétioles courts, forts et roides.

Caractère saillant de l'arbre : teinte générale du feuillage d'un vert décidé et brillant ; toutes les feuilles épaisses et fermes.

Fruit moyen, sphérico-ovoïde, arrondi en demi-sphère du côté de la queue, un peu plus atténué et bien obtus du côté du point pistillaire, bien convexe par ses joues, également convexe par ses faces dont l'une est traversée par un sillon très-peu prononcé.

Peau fine, mince, d'abord d'un pourpre intense, puis passant à la maturité, septembre, au pourpre brun souvent presque noir et recouvert d'une fleur bleue et épaisse. Point pistillaire blanchâtre, placé dans un petit creux à l'extrémité du sillon.

Queue courte, un peu forte, attachée à fleur du fruit.

Chair verte, fine, tendre, fondante, abondante en jus richement sucré et agréablement parfumé, sans que je le trouve réellement musqué comme semblerait l'indiquer le nom de cette variété.

Noyau un peu gros pour le volume du fruit, ovoïde-élargi, largement tronqué à son point d'attache à la queue, largement obtus à son autre extrémité, à joues assez peu bombées, trois fois et distinctement plissées vers le point d'attache, raboteuses et se détachant bien de la chair ; suture ventrale très-largement et profondément sillonnée, obscurément crénelée par ses bords ; arête dorsale épaisse, un peu saillante, à peine tranchante seulement vers le point d'attache ; rainures latérales larges et bien creusées.

ROUGE HATIVE

(RED PRIMORDIAN)

(N° 75)

The Fruits and the fruit-trees of America. Downing.

Observations. — D'après Downing, cette variété serait originaire des pépinières de M. William Prince, à Flushing, Long-Island, état de New-York. — L'arbre, de vigueur normale, forme une tête assez élevée à branches flexibles et ne pourrait être soumis à une forme régulière qu'en l'appliquant à un treillage. Elevé ainsi, à bonne exposition, ses produits seraient encore plus précoces et plus recherchés. Il devient promptement fertile et d'une manière vraiment prodigieuse.

DESCRIPTION.

Rameaux fluets, un peu anguleux dans leur contour, presque droits, à entre-nœuds courts, d'un brun jaunâtre du côté de l'ombre, d'un brun rougeâtre peu foncé, terne et ombré de gris du côté du soleil, glabres sur toute leur longueur.

Boutons à bois le plus souvent accompagnés de deux boutons à fruit, très-petits, coniques, courts et très-courtement aigus, à direction peu écartée du rameau, soutenus sur des supports un peu saillants dont l'arête médiane se prolonge assez distinctement ; écailles d'un marron jaunâtre.

Pousses d'été d'un vert clair et un peu vif, à peine lavées de rouge du côté du soleil et couvertes d'un duvet très-fin, soyeux, peu abondant et hérissé.

Feuilles des pousses d'été moyennes ou assez petites, obovales-élargies, se terminant régulièrement en une pointe courte, arrondie et très-courtement aiguë, convexes plutôt que concaves, largement ondulées ou tourmentées dans leur contour, repliées en dessus par leurs bords très-largement et assez profondément crénelés, bien soutenues sur des pétioles courts, grêles, redressés et un peu duveteux ; deux petites glandes globuleuses vertes sont attachées à la base du limbe.

Stipules courtes, d'un vert clair, très-fines, très-finement et deux fois lobées à leur base.

Boutons à fruit très-petits, ovoïdes, courts, renflés et courtement aigus, réunis sur des dards assez courts et un peu forts ; écailles d'un marron jaunâtre.

Fleurs petites ; pétales elliptiques, bien concaves, souvent finement dentés à leur sommet, légèrement lavés de jaune et un peu transparents ; divisions du calice courtes, très-étroites et peu aiguës ; pédicelles extraordinairement courts et glabres.

Feuilles des productions fruitières assez petites, obovales-allongées, sensiblement atténuées vers le pétiole, obtuses à leur extrémité, à peine repliées sur leur nervure médiane et peu arquées, bordées de dents un peu larges, un peu profondes, couchées et émoussées, soutenues sur des pétioles très-courts et grêles.

Caractère saillant de l'arbre : teinte générale du feuillage d'un vert vif et cependant assez peu brillant ; feuilles des pousses d'été bien tourmentées dans leur surface ; tous les pétioles très-courts et grêles.

Fruit petit, régulièrement ovoïde, se terminant en demi-sphère du côté de la queue, sensiblement atténué et un peu pointu du côté du point pistillaire, largement convexe par ses joues et également convexe par ses faces dont l'une est traversée par un sillon très-étroit et très-peu profond, souvent superficiel ou à peine appréciable.

Peau un peu ferme, d'abord d'un vert d'eau, puis à la maturité, commencement d'août, passant au vert jaunâtre, largement lavé de pourpre rosat du côté du soleil et quelquefois sur presque toute sa surface et recouvert d'une fleur fine et de couleur lilas. Point pistillaire petit, jaunâtre, attaché à fleur de la pointe du fruit, souvent même un peu saillant.

Queue de moyenne longueur, bien grêle, attachée presque à fleur du fruit dans une cavité extraordinairement étroite et peu profonde.

Chair d'un jaune verdâtre, fine, fondante, abondante en jus sucré, acidulé, à peine parfumé.

Noyau proportionné au volume du fruit, ovoïde-allongé et comprimé, presque également atténué à ses deux extrémités, se terminant brusquement en une petite pointe à son point d'attache à la queue, se terminant régulièrement à son autre extrémité en une petite pointe un peu aiguë et recourbée, à joues très-peu bombées, presque unies dans leur surface, traversées sur toute leur longueur par un pli peu saillant, se détachant de la chair ; suture ventrale étroitement et peu profondément sillonnée et unie par ses bords ; arête dorsale peu épaisse, peu saillante, finement tranchante sur toute sa longueur ; rainures latérales extraordinairement étroites et peu profondes, souvent peu appréciables.

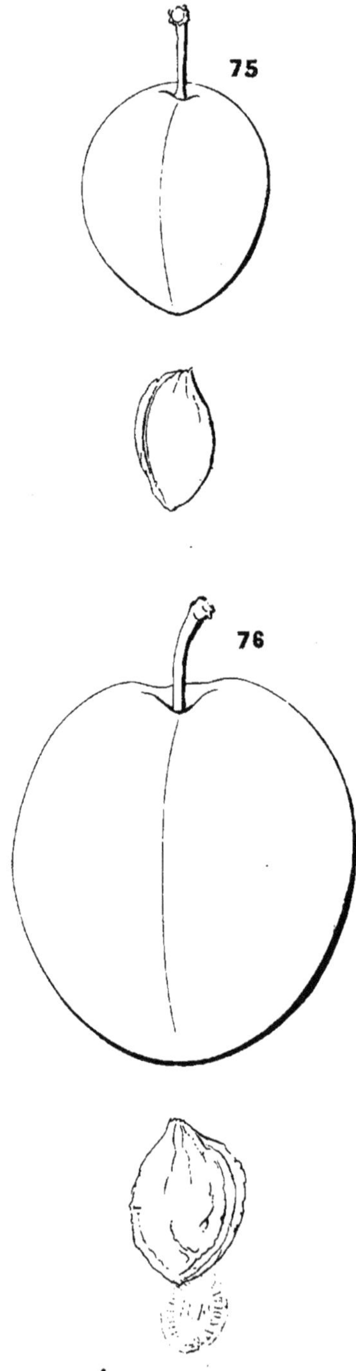

75 ROUGE HÂTIVE. 76 QUACKENBOSS.

Perrigeon, del^t

Imp. Gauthier frères, à Lons-le-Sau

QUACKENBOSS

(N° 76)

The Fruits and the fruit-trees of America. Downing.
The american fruit Culturist. Thomas.

Observations. — D'après M. Downing, cette variété aurait été obtenue dans le jardin de M. S. C. Groot, à Albany, et propagée par M. Quackenboss, de Greenbush, New-York. — L'arbre, d'une croissance vive dans sa jeunesse, se maintient ensuite d'une vigueur normale. Il forme une tête élevée et peu compacte et ne convient pas aux formes régulières soumises à la taille. Sa fertilité est précoce et bonne et son fruit assez bon pour la table est très-propre aux usages du ménage.

DESCRIPTION.

Rameaux de moyenne force, presque unis dans leur contour, droits, à entre-nœuds courts, bruns du côté de l'ombre, d'un violet noirâtre en partie voilé par une pellicule de couleur sombre du côté du soleil, couverts sur toute leur longueur d'un duvet très-court et un peu épais.

Boutons à bois extraordinairement petits, très-courts et courtement aigus, à direction parallèle au rameau, soutenus sur des supports saillants dont les côtés et l'arête médiane se prolongent très-obscurément ; écailles d'un marron noirâtre terne.

Pousses d'été d'un vert terne, lavées de rouge rosat du côté du soleil et couvertes sur toute leur longueur d'un duvet court et hérissé.

Feuilles des pousses d'été moyennes, elliptiques-élargies, obtuses à leur extrémité, souvent convexes par leurs côtés, largement ondulées dans leur contour et contournées sur leur longueur, finement et peu profondément crénelées et surcrénelées, soutenues sur des pétioles courts, forts, un peu duveteux, horizontaux, un peu redressés et munis de deux grosses glandes globuleuses attachées tout à fait à la base du limbe.

Stipules de moyenne longueur, lancéolées, dentées, une fois et largement lobées à leur base.

Boutons à fruit extraordinairement petits, conico-ovoïdes, bien aigus, peu nombreux sur des dards un peu courts et un peu forts; écailles d'un marron terne.

Fleurs assez grandes ; pétales elliptiques-arrondis, concaves, se touchant entre eux ; divisions du calice un peu longues, larges et bien obtuses à leur extrémité ; pédicelles de moyenne longueur, de moyenne force et glabres.

Feuilles des productions fruitières moyennes ou petites, obovales bien élargies, très-sensiblement atténuées vers le pétiole, très-largement obtuses à leur extrémité, convexes et souvent contournées par leur extrémité, bordées de dents fines, très-peu profondes, couchées et aiguës, soutenues sur des pétioles un peu longs et peu forts.

Caractère saillant de l'arbre: teinte générale du feuillage d'un vert bleu intense ; toutes les feuilles plus ou moins élargies et plus ou moins convexes ou contournées, peu profondément crénelées ou dentées.

Fruit gros, ovo-ellipsoïde, peu atténué, tronqué et échancré du côté de la queue, un peu plus atténué et bien obtus du côté du point pistillaire, très-largement convexe par ses joues, convexe-comprimé par une de ses faces, plus convexe par la face opposée traversée par un sillon très-peu prononcé, souvent seulement indiqué.

Peau un peu épaisse, se détachant bien de la chair à la maturité, d'abord d'un beau pourpre intense et vif, puis passant à la maturité, **commencement de septembre**, au pourpre très-foncé, recouvert d'une fleur bleue, fine et dense. Point pistillaire jaunâtre, large, attaché dans une très-petite dépression.

Queue de moyenne longueur ou assez longue, bien grêle, attachée dans une cavité un peu large et bien profonde.

Chair jaunâtre, demi-fine, un peu consistante, suffisante en jus sucré, vineux, acidulé, sans parfum bien appréciable.

Noyau petit pour le volume du fruit, ovoïde un peu élargi, peu atténué et peu tronqué à son point d'attache à la queue, peu atténué à son autre extrémité, surmontée d'une petite pointe aiguë, à joues assez bombées, trois fois et sensiblement plissées vers le point d'attache, obliquement plissées du côté de la pointe, un peu raboteuses et ne se détachant pas entièrement de la chair ; suture ventrale très-étroitement et très-peu profondément sillonnée, obscurément crénelée par ses bords ; arête dorsale peu épaisse, saillante et tranchante sur toute sa longueur ; rainures latérales très-finement creusées.

QUETSCHE DE RANSLEBEN

(RANSLEBENS ZWETSCHE)

(N° 77)

Illustrirtes Handbuch der Obstkunde. OBERDIECK.
Systematische Anleitung zur Kenntniss der Pflaumen. LIEGEL.
RANSLEBENS PFLAUME. *Systematisches Handbuch der Obstkunde.* DITTRICH.

OBSERVATIONS. — Cette variété fut, dit-on, obtenue par le conseiller des finances, M. Ransleben, de Berlin, et d'un noyau de la Reine-Claude. M. Oberdieck considère le fait comme douteux, en s'appuyant sur la différence de végétation qui existe entre ces deux variétés. Je crois ce motif peu déterminant, ayant souvent remarqué, dans mes semis de prunes, les grandes différences qui existent entre les variétés issues d'un même type. Je citerai seulement un semis de la Goutte d'or qui m'a donné toutes les formes et toutes les couleurs pour les fruits et des végétations sans aucun rapport avec celle de la variété mère. — L'arbre, de vigueur moyenne, forme une tête à branches fastigiées, un peu compacte et ne convient pas aux formes soumises à la taille. Sa fertilité est précoce et assez grande et son fruit est de bonne qualité pour sécher.

DESCRIPTION.

Rameaux de moyenne force, obscurément anguleux dans leur contour, droits, à entre-nœuds courts, d'un rouge vineux intense, un peu voilés à leur partie inférieure par une pellicule disposée en petites taches jaunâtres, glabres sur toute leur longueur.

Boutons à bois gros, coniques, épais à leur base et courtement aigus, à direction parallèle au rameau, soutenus sur des supports bien saillants dont l'arête médiane se prolonge peu distinctement ; écailles d'un marron rougeâtre très-foncé et peu brillant.

Pousses d'été d'un vert vif, lavées de rouge sanguin du côté du soleil et glabres sur toute leur longueur.

Feuilles des pousses d'été assez petites, obovales un peu élargies, se terminant régulièrement en une pointe aiguë, un peu concaves ou repliées sur leur nervure médiane et un peu arquées, finement et sensiblement ondulées dans tout leur contour, bordées de dents assez fines, un peu profondes, un peu couchées et un peu aiguës, assez bien soutenues sur des pétioles de moyenne longueur, très-grêles, peu redressés et munis de deux très-petites glandes globuleuses vertes, souvent aussi attachées à la base du limbe.

Stipules de moyenne longueur, lancéolées-étroites, dentées et le plus souvent une seule fois lobées à leur base.

Boutons à fruit très-petits, coniques, courts et peu aigus ; écailles d'un marron rougeâtre terne.

Fleurs petites; pétales elliptiques-arrondis, concaves ; division du calice longues, étroites, bien atténuées et aiguës à leur extrémité; pédicelles de moyenne longueur et grêles.

Feuilles des productions fruitières petites, obovales-elliptiques, courtement et peu sensiblement atténuées vers le pétiole, peu obtuses à leur extrémité, à peine concaves ou un peu convexes et souvent contournées par leur pointe, bordées de dents fines, un peu profondes, bien couchées et bien aiguës, soutenues sur des pétioles très-courts et très-grêles.

Caractère saillant de l'arbre : teinte générale du feuillage d'un vert pré peu foncé et mat ; feuilles des pousses d'été finement et remarquablement ondulées ; toutes les feuilles plus ou moins petites ; tous les pétioles très-grêles.

Fruit assez petit, ovo-ellipsoïde, obtus à son point d'attache à la queue, s'atténuant un peu plus et un peu moins obtus du côté du point pistillaire, largement convexe par ses joues, convexe bien comprimé par une de ses faces et beaucoup plus convexe par la face opposée très-saillante du côté de la queue, très-sensiblement comprimée vers le point pistillaire et traversée par un sillon à peine appréciable.

Peau fine et cependant un peu ferme, d'abord d'un pourpre assez vif, puis passant à la maturité, **fin d'août**, au pourpre brun intense et recouvert d'une fleur bleue et épaisse. Point pistillaire petit, blanchâtre, attaché à fleur de la pointe du fruit.

Queue de moyenne longueur et de moyenne force, attachée presque à fleur du fruit.

Chair verte, fine, tassée, consistante, suffisante en jus sucré, vineux, acidulé, sans parfum bien appréciable.

Noyau proportionné au volume du fruit, irrégulièrement ovoïde-comprimé, échancré à son point d'attache à la queue, se terminant brusquement à son autre extrémité en une pointe un peu longue et bien aiguë, à joues très-peu bombées, un peu plissées vers le point d'attache, raboteuses et se détachant de la chair ; suture ventrale étroite et très-peu profonde, crénelée par ses bords ; arête dorsale peu épaisse, bien saillante et tranchante sur au moins la moitié de sa longueur ; rainures latérales finement et très-peu profondément creusées.

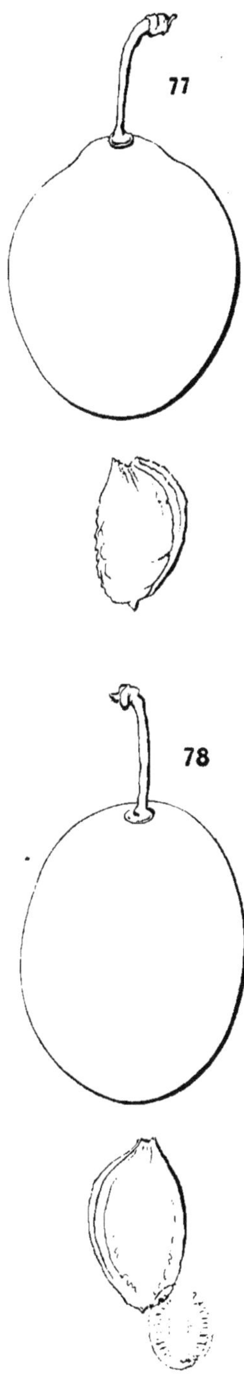

77 QUETSCHE DE RANSLEBEN. 78 DIAPRÉE NOUVELLE DE KOOK.

Peingeon del[t] Imp. Gauthier frères à Lons-le-S.

DIAPRÉE NOUVELLE DE KOOK

(KOOKS NEUE DIAPRÉ)

(N° 78)

Systematische Anleitung zur Kenntniss der Pflaumen. LIEGEL.
Illustrirtes Handbuch der Obstkunde. OBERDIECK.

OBSERVATIONS. — Liegel obtint cette variété, en seconde génération, de la prune St-Jean et la dédia à son ami et collègue en pomologie, M. Kook, de New-Brauenfels, Texas, Etats-Unis. — L'arbre, de bonne vigueur, forme une tête diffuse, peu compacte et de moyenne dimension. Son rapport est précoce et bon. Son fruit est bon frais et excellent à sécher.

DESCRIPTION.

Rameaux de moyenne force, un peu anguleux dans leur contour, à entre-nœuds très-courts, bruns du côté de l'ombre, d'un brun rougeâtre foncé et en partie voilé d'une pellicule gris de plomb du côté du soleil et à leur partie inférieure, d'un rouge sanguin très-foncé à leur partie supérieure et glabres sur toute leur longueur.

Boutons à bois moyens, coniques, courts, épaissis à leur base et aigus, à direction un peu écartée du rameau, soutenus sur des supports saillants dont les côtés et l'arête médiane se prolongent assez distinctement ; écailles d'un marron rougeâtre sombre et terne.

Pousses d'été d'un vert clair et bien vif, à peine lavées de rouge du côté du soleil et entièrement glabres sur toute leur longueur.

Feuilles des pousses d'été petites, ovales un peu allongées, se terminant régulièrement en une pointe peu aiguë, souvent plutôt convexes que concaves et arquées, bordées de dents un peu profondes, couchées et obtuses, se recourbant sur des pétioles très-courts, très-grêles, peu redressés, glabres et munis de deux très-petites glandes vertes pédicellées.

Stipules de moyenne longueur, lancéolées, dentées, divisées à leur base en deux lobes bien développés.

Boutons à fruit petits, conico-ovoïdes, peu aigus, réunis sur des dards extraordinairement courts et forts ; écailles d'un marron jaunâtre et peu brillant.

Fleurs petites ; pétales ovales-allongés, bien atténués vers l'onglet, un peu écartés entre eux, finement dentés à leur sommet ; divisions du calice de moyenne longueur et aiguës ; pédicelles courts, forts et un peu duveteux.

Feuilles des productions fruitières un peu plus grandes que celles des pousses d'été, obovales un peu élargies, peu atténuées vers le pétiole et obtuses à leur extrémité, concaves et un peu arquées, bordées de dents un peu profondes, recourbées et peu aiguës, bien soutenues sur des pétioles de moyenne longueur, un peu forts et peu flexibles.

Caractère saillant de l'arbre : teinte générale du feuillage d'un vert herbacé peu foncé et mat ; feuilles des productions fruitières plus grandes que celles des pousses d'été.

Fruit petit ou presque moyen, ovo-ellipsoïde, obtus à ses deux pôles, peu convexe par ses joues, un peu plus convexe par une de ses faces partagée en deux parties presque égales par un sillon à peine indiqué, moins convexe et un peu comprimé par la face opposée.

Peau très-fine, très-mince, transparente, d'abord d'un vert jaunâtre clair, puis passant à la maturité, commencement d'août, au jaune clair, parfois un peu moucheté de rouge et recouvert d'une fleur blanchâtre et épaisse. Point pistillaire jaunâtre, placé à fleur de la pointe obtuse du fruit.

Queue un peu longue, grêle, courbée, attachée dans une très-petite cavité qu'elle remplit entièrement par son point d'attache.

Chair jaune, bien fine, tendre, peu abondante en jus sucré, parfumé un peu à la manière de l'abricot.

Noyau assez petit pour le volume du fruit, ovoïde un peu comprimé, un peu tronqué à son point d'attache à la queue, se terminant brusquement à son autre extrémité en une très-petite pointe, à joues uniformément et peu sensiblement bombées, à peine raboteuses, un peu plissées vers le point d'attache et se détachant bien de la chair ; suture ventrale peu saillante, largement et profondément sillonnée ; arête dorsale un peu saillante et aplanie ; rainures latérales très-étroites et très-peu profondes.

REINE-CLAUDE DE REAGLES

(REAGLES' GAGE)

(N° 79)

The Fruits and the fruit-trees of America. DOWNING.

OBSERVATIONS. — Cette variété, d'après Downing, aurait été obtenue, assez récemment, d'un semis de la prune Washington, par C. Reagles, de Schenectady, New-York. — L'arbre, de grande vigueur, forme une tête élevée, conique-renversée ou presque pyramidale, à branches érigées et se subdivisant peu. La fertilité est précoce et bonne, et son fruit est de bonne qualité.

DESCRIPTION.

Rameaux de moyenne force, obscurément anguleux dans leur contour, droits, à entre-nœuds courts ou de moyenne longueur, d'un brun rougeâtre sombre en partie voilé d'une pellicule gris de plomb, glabres sur toute leur longueur.

Boutons à bois assez petits, coniques, un peu courts et bien aigus, à direction peu écartée du rameau, soutenus sur des supports bien saillants dont les côtés et l'arête médiane se prolongent assez peu distinctement ; écailles d'un marron rougeâtre foncé et peu brillant.

Pousses d'été d'un vert d'eau terne, lavées de rouge sanguin sombre du côté du soleil et glabres sur toute leur longueur.

Feuilles des pousses d'été moyennes, obovales-élargies, se terminant brusquement en une pointe courte et bien fine, à peine concaves, planes ou même parfois un peu convexes, bordées de dents assez fines, finement surdentées, un peu profondes, tantôt aiguës, tantôt un peu obtuses, soutenues à peu près horizontalement sur des pétioles courts, peu forts, peu redressés, glabres, d'un rouge vineux intense et munis de deux glandes globuleuses d'un vert foncé.

Stipules courtes, extraordinairement fines, à peine lobées à leur base et très-caduques.

Boutons à fruit très petits, conico-ovoïdes, un peu aigus, réunis sur des dards très courts et un peu forts; écailles d'un marron noirâtre sombre.

Fleurs petites ; pétales elliptiques un peu élargis, peu concaves, finement crénelés et ondulés sur une partie de leur contour ; divisions du calice de moyenne longueur, peu atténuées et bien obtuses à leur extrémité ; pédicelles assez courts et grêles.

Feuilles des productions fruitières assez petites ou presque moyennes, obovales-allongées et un peu élargies, brusquement et très-sensiblement atténuées vers le pétiole, peu obtuses à leur extrémité, planes ou presque planes, bordées de dents fines, un peu profondes, couchées et bien aiguës, soutenues sur des pétioles assez courts et grêles.

Caractère saillant de l'arbre : teinte générale du feuillage d'un vert herbacé intense et peu brillant ; toutes les feuilles sensiblement obovales, planes ou presque planes et souvent largement ondulées dans leur contour.

Fruit moyen ou presque moyen, presque sphérique, largement tronqué à son point d'attache à la queue, à peine un peu plus atténué et moins largement tronqué du côté du point pistillaire, bien convexe par ses joues, également convexe par ses faces dont l'une est traversée par un sillon large et peu creusé.

Peau un peu ferme, d'abord d'un vert vif, puis passant à la maturité, fin d'août, au jaune verdâtre recouvert d'une fleur de couleur vert d'eau et un peu dense. Point pistillaire jaune, placé dans une petite cavité à l'extrémité du sillon.

Queue courte, peu forte, attachée dans une cavité assez étroite et bien profonde.

Chair d'un jaune verdâtre, un peu ferme, un peu consistante, abondante en eau sucrée, acidulée et parfumée.

Noyau proportionné au volume du fruit, ellipsoïde bien élargi, très-brusquement atténué en une pointe très-courte et aiguë à son point d'attache à la queue, largement obtus à son autre extrémité, à joues peu bombées, largement plissées vers le point d'attache, chagrinées dans leur surface et ne se détachant pas parfaitement de la chair ; suture ventrale ordinairement fermée ; arête dorsale peu épaisse, saillante et bien tranchante sur la moitié de sa longueur ; rainures latérales nulles.

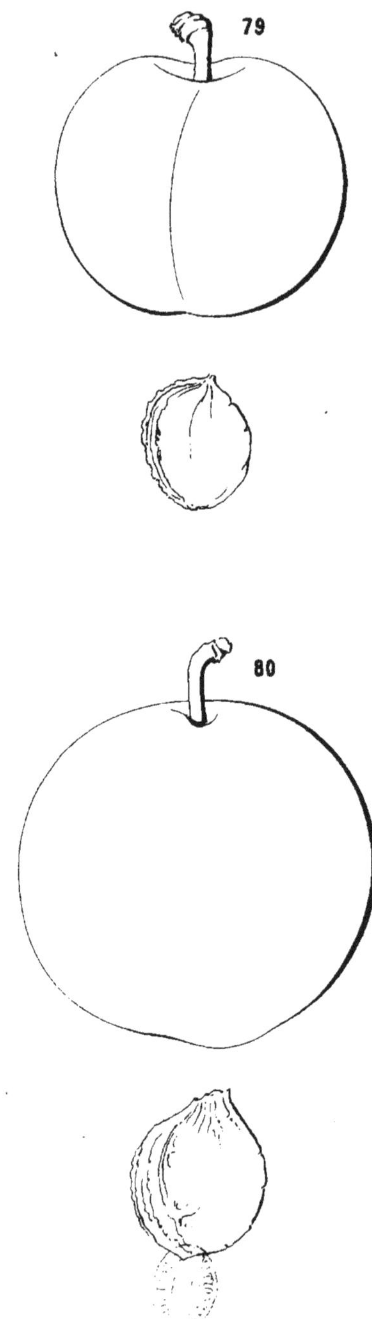

79 REINE-CLAUDE DE REAGLES. 80 COLUMBIA.

Peingeon, del.t — *Imp. Gauthier frères, à Lons-le-Saunier*

COLUMBIA

(N° 80)

The Fruits and the fruit-trees of America. Downing.
The american fruit Culturist. Thomas.
The fruit Manual. Robert Hogg.
COLUMBIA PFLAUME. *Systematische Anleitung zur Kenntniss der Pflaumen.* Liegel.
Illustrirtes Handbuch der Obstkunde. Jahn.

Observations. — M. Downing donne à cette variété le synonyme Columbian Gage ou Reine-Claude de Colombie et dit qu'elle fut obtenue par L. A. Lawrence, à Hudson, New-York. — L'arbre, d'une bonne vigueur, forme une tête élevée et de grande dimension. Il s'accommode bien des formes régulières appliquées à un treillage sur lequel son fruit devient vraiment énorme et se recommande aussi par sa bonne qualité.

DESCRIPTION.

Rameaux assez forts, presque unis dans leur contour, droits, à entre-nœuds de moyenne longueur, d'un vert jaunâtre à l'ombre, rougeâtres et en partie recouverts d'une pellicule plombée du côté du soleil, bien duveteux sur toute leur longueur.

Boutons à bois très-petits, coniques, très-courts, émoussés lorsqu'ils sont situés à la partie inférieure du rameau, un peu plus allongés et finement aigus, lorsqu'ils sont situés à sa partie supérieure, soutenus sur des supports extraordinairement saillants et dont l'arête médiane ne se prolonge pas toujours et seulement très-obscurément ; écailles d'un marron rougeâtre.

Pousses d'été d'un vert pâle et mat, lavées de rouge violet du côté du soleil et couvertes sur toute leur longueur d'un duvet court et blanchâtre.

Feuilles des pousses d'été assez grandes ou grandes, obovales-arrondies, se terminant un peu brusquement en une pointe courte, un peu concaves, assez finement et peu profondément crénelées et surcrénelées, assez bien soutenues sur des pétioles de moyenne longueur, un peu forts, redressés et duveteux ; deux glandes globuleuses, souvent rougeâtres, sont attachées exactement à la base du limbe.

Stipules courtes, fines et à peine lobées à leur base.

Boutons à fruit petits, conico-ovoïdes, bien aigus, réunis nombreux sur des dards extraordinairement courts et extraordinairement forts; écailles d'un marron foncé et un peu brillant.

Fleurs moyennes; pétales elliptiques-arrondis, concaves, se recouvrant entre eux, teintés de jaune à leur sommet et peu profondément dentés; divisions du calice bien élargies, un peu atténuées, obtuses à leur extrémité, un peu réfléchies en dessous et finement dentées; pédicelles de moyenne longueur et de moyenne force.

Feuilles des productions fruitières presque moyennes, obovales-allongées, assez longuement et peu sensiblement atténuées vers le pétiole, largement obtuses à leur extrémité, largement creusées en gouttière et non arquées, très-finement crénelées et surcrénelées, soutenues sur des pétioles courts et forts.

Caractère saillant de l'arbre : teinte générale du feuillage d'un vert hercacé intense et mat; feuilles des pousses d'été amples et tendant à la forme arrondie; toutes les feuilles plus ou moins finement crénelées et surcrénelées.

Fruit très-gros, sphérico-ellipsoïde, souvent un peu plus épais d'un côté que de l'autre, largement tronqué du côté de la queue et s'atténuant un peu plus pour se terminer en une pointe bien obtuse du côté du point pistillaire, assez convexe par ses joues, également convexe par ses faces dont l'une un peu comprimée est traversée par un sillon large et peu profond.

Peau un peu épaisse et ferme, d'abord d'un rouge vineux sémé de points gris jaunâtre, cernés de rouge plus foncé, puis à la maturité, milieu d'août, passant au pourpre vineux intense sur lequel ressortent bien des points blancs et recouvert d'une fleur bleue, peu épaisse et peu adhérente. Point pistillaire large, de couleur fauve, attaché dans une cavité large et profonde.

Queue courte, bien forte, attachée dans une cavité peu profonde et bien évasée.

Chair d'un jaune verdâtre, peu fine, consistante, suffisante en jus sucré et assez agréablement parfumé.

Noyau petit pour le volume du fruit, ellipsoïde-élargi, sensiblement atténué et peu obtus à son point d'attache à la queue, largement arrondi à son autre extrémité surmontée d'une pointe large, peu saillante et peu aiguë, à joues assez bombées, portant un pli saillant vers le point d'attache, un peu raboteuses, se détachant bien de la chair; suture ventrale étroitement et profondément sillonnée, unie par ses bords; arête dorsale bien épaisse, bien saillante et cependant un peu aplanie; rainures latérales extraordinairement fines.

DAMAS TARDIF DE KOCH

(KOCHS SPATE DAMASCENE)

(N° 81)

Systematische Anleitung zur Kenntniss der Pflaumen. LIEGEL.
Illustrirtes Handbuch der Obstkunde. JAHN.

OBSERVATIONS. — Liegel obtint cette variété d'un noyau de la Bricette et la dédia à M. Koch, secrétaire de la société d'horticulture de la Thuringe à Gotha. L'arbre, de vigueur normale, s'accommode bien des formes soumises à la taille. Sa haute tige forme une tête sphérique, de moyenne dimension, bien compacte. Son rapport se fait attendre un peu longtemps pour devenir ensuite bon et soutenu. Son fruit se recommande par sa qualité, sa maturité très-tardive et sa longue conservation.

DESCRIPTION.

Rameaux un peu forts, unis dans leur contour, droits, à entre-nœuds extraordinairement courts, d'un brun jaunâtre du côté de l'ombre, d'un brun violet en grande partie recouvert d'une pellicule plombée et épaisse du côté du soleil, glabres sur toute leur longueur.

Boutons à bois moyens, coniques, bien élargis à leur base et bien aigus, à direction écartée du rameau, soutenus sur des supports bien saillants dont les côtés et l'arête médiane ne se prolongent pas ; écailles d'un marron rougeâtre.

Pousses d'été d'un vert jaune, lavées de rouge sanguin du côté du soleil et glabres sur toute la longueur.

Feuilles des pousses d'été petites, régulièrement elliptiques et un peu élargies, se terminant régulièrement en une pointe très-courte, planes ou presque planes et ondulées dans leur contour, finement et peu profondément crénelées et surcrénelées, bien soutenues sur des pétioles courts, grêles, glabres, bien redressés et munis de deux très-petites glandes globuleuses jaunes.

Stipules courtes, très-fines et très-finement lobées à leur base.

Boutons à fruit très-petits, conico-ovoïdes, bien finement aigus, réunis sur des dards courts et un peu forts ; écailles d'un marron rougeâtre terne.

Fleurs assez petites ; pétales ovales un peu allongés, bien écartés entre eux, presque planes, à peine teintés de jaune à leur sommet ; divisions du calice courtes, étroites et presque aiguës ; pédicelles assez courts, très-grêles et glabres.

Feuilles des productions fruitières obovales-allongées, longuement et bien sensiblement atténuées vers le pétiole, obtuses à leur extrémité, le plus souvent un peu convexes, largement ondulées ou contournées sur leur longueur, bordées de dents fines, peu profondes, couchées et aiguës, soutenues sur des pétioles longs et grêles.

Caractère saillant de l'arbre : teinte générale du feuillage d'un vert bien décidé et cependant mat ; toutes les feuilles petites, planes ou presque planes ou même couvexes, peu profondément dentées ou crénelées.

Fruit assez petit ou presque moyen, sphérico-ovoïde et très-court, se terminant en demi-sphère du côté de la queue, un peu plus atténué et obtus du côté du point pistillaire, assez convexe par ses joues, également convexe par ses faces dont l'une est traversée par un sillon seulement indiqué par la ligne de suture.

Peau un peu ferme, longtemps d'avance d'un vert pâle, puis bien avant la maturité, passant au blanc jaunâtre, et enfin à la maturité, septembre, arrivant au jaune clair, chaudement doré et parfois un peu taché de rouge du côté du soleil. Une fleur blanche, fine et peu dense voile sa surface. Point pistillaire roux, attaché dans une petite dépression à l'extrémité du sillon.

Queue courte, grêle, attachée presque à fleur du fruit dans une cavité très-étroite et très-peu profonde.

Chair d'un jaune clair, fine, ferme et même un peu croquante, abondante en jus richement sucré et délicatement parfumé.

Noyau petit pour le volume du fruit, ovoïde, court et élargi, obliquement coupé et échancré à son point d'attache à la queue, obtus à son autre extrémité surmontée d'une très-petite pointe, à joues assez peu bombées, traversées sur toute leur hauteur par un pli saillant, un peu chagrinées et se détachant bien de la chair ; suture ventrale fermée ou presque fermée ; arête dorsale un peu épaisse, un peu saillante et tranchante vers le point d'attache, aplanie sur le reste de sa longueur ; rainures latérales bien finement creusées.

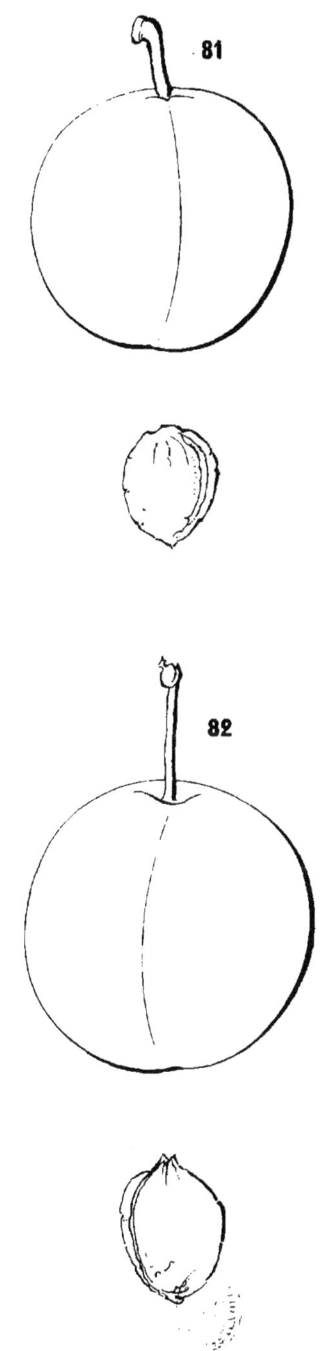

81 DAMAS TARDIF DE KOCH. 82 REINE-CLAUDE JAUNE DE PRINCE.

Peingeon. del[t]

Imp. Gauthier frères, à Lons-le-Saun

REINE-CLAUDE JAUNE DE PRINCE

(PRINCE'S YELLOW GAGE)

(N° 82)

The Fruits and the fruit-trees of America. DOWNING.
The american fruit Culturist. THOMAS.

OBSERVATIONS. — Downing dit que cette variété fut obtenue, vers 1780, par M. Prince, de Flushing, Long-Island, l'ancêtre du pépiniériste actuel de ce nom. Il ajoute que la grande fertilité et la grande vigueur de son arbre, la saveur richement sucrée de son fruit en font une variété favorite aux Etats-Unis. — L'arbre, de vigueur normale, forme une tête élevée et étendue. Il est d'une végétation assez bien équilibrée pour s'accommoder des formes régulières. Il est rustique, d'une fertilité précoce et grande. Son fruit est de première qualité.

DESCRIPTION.

Rameaux de moyenne force, allongés et fluets à leur partie supérieure, à peine flexueux, à entre-nœuds de moyenne longueur, d'un brun jaunâtre moucheté de jaune du côté de l'ombre, d'un brun rougeâtre moucheté de gris de plomb du côté du soleil et glabres sur toute leur longueur.

Boutons à bois assez petits, coniques, bien aigus, à direction parallèle au rameau, soutenus sur des supports bien saillants dont les côtés et l'arête médiane se prolongent assez distinctement ; écailles d'un marron terne.

Pousses d'été d'un vert clair et glabres sur toute leur longueur.

Feuilles des pousses d'été moyennes ou assez grandes, ovales bien élargies et presque arrondies lorsqu'elles sont situées à la partie supérieure des pousses, se terminant peu brusquement en une pointe large et cependant bien aiguë, presque planes ou même convexes, bordées de dents assez profondes, souvent sur-dentées et bien obtuses, s'abaissant peu sur des pétioles très-courts, forts, presque horizontaux et munis de deux petites glandes vertes presque globuleuses.

Stipules courtes, profondément dentées et profondément divisées en un seul lobe à leur base.

Boutons à fruit moyens, conico-ovoïdes, allongés et aigus, réunis sur des dards un peu longs et grêles ; écailles d'un marron rougeâtre terne.

Fleurs à peine moyennes ; pétales ovales-elliptiques, largement arrondis ou un peu tronqués à leur sommet, presque planes ; divisions du calice longues, étroites, bien atténuées et aiguës à leur extrémité ; pédicelles un peu longs et un peu forts.

Feuilles des productions fruitières petites, obovales un peu allongées et un peu étroites, émoussées à leur extrémité, planes, bordées de dents fines, profondes, couchées et bien aiguës, assez bien soutenues sur des pétioles courts, grêles et divergents.

Caractère saillant de l'arbre : feuilles des pousses d'été d'un beau vert gai et luisant ; toutes les feuilles planes, presque planes ou même convexes.

Fruit moyen, ellipso-ovoïde, un peu tronqué du côté de la queue, un peu plus atténué et presque également tronqué du côté du point pistillaire, largement convexe par ses joues, également convexe par ses faces dont l'une à peine comprimée est traversée par un sillon large et plus ou moins prononcé.

Peau très-fine, très-mince, se détachant parfaitement de la chair, d'abord d'un vert d'eau très-clair, puis passant à la maturité, milieu d'août, au jaune clair et voilé d'une fleur blanche assez épaisse. Point pistillaire petit, jaunâtre, attaché dans une cavité profonde et un peu ouverte du côté du sillon.

Queue assez longue, grêle, attachée dans une cavité profonde et un peu évasée.

Chair d'un jaune clair, fine, tendre, fondante, ruisselante en jus richement sucré, agréablement relevé et parfumé.

Noyau un peu gros pour le volume du fruit, ovoïde un peu épais, courtement et un peu sensiblement atténué et un peu échancré à son point d'attache à la queue, obtus à son autre extrémité surmontée d'une très-petite pointe déjetée de côté, à joues un peu bombées et raboteuses, ne se détachant pas entièrement de la chair ; suture ventrale largement et peu profondément sillonnée, très-obscurément crénelée par ses bords ; arête dorsale très-épaisse, non saillante et très-largement aplanie sur toute sa longueur ; rainures latérales larges et bien creusées.

DAMAS DE DIFFENBACH

(DIFFENBACHS DAMASCENE)

(N° 83)

Systematische Anleitung zur Kenntniss der Pflaumen. LIEGEL.
Illustrirtes Handbuch der Obstkunde. OBERDIECK.

OBSERVATIONS. — Liegel obtint cette variété d'un noyau de la Prune de la Saint-Jean et la dédia à M. Diffenbach, jardinier en chef du jardin botanique de Vienne, Autriche. — L'arbre, de vigueur moyenne ou même un peu insuffisante, forme une tête de petite dimension, à branches érigées et peu compactes. Son rapport est précoce et bon et son fruit est de bonne qualité.

DESCRIPTION.

Rameaux de moyenne force, presque unis dans leur contour, droits, à entre-nœuds de moyenne longueur, d'un brun jaunâtre à l'ombre, d'un brun rougeâtre peu foncé et non voilé d'une pellicule du côté du soleil, couverts sur toute leur longueur d'un duvet extraordinairement court, peu épais et peu adhérent.

Boutons à bois presque moyens, coniques, un peu maigres, finement aigus, à direction un peu écartée du rameau, soutenus sur des supports peu saillants dont l'arête médiane ne se prolonge pas toujours ou parfois très-obscurément ; écailles d'un marron rougeâtre peu brillant.

Pousses d'été d'un vert très-clair, lavées de rouge rosat du côté du soleil, couvertes sur toute leur longueur d'un duvet court et peu épais.

Feuilles des pousses d'été petites, régulièrement ovales, souvent obtuses à leur extrémité, à peine repliées sur leur nervure médiane et souvent largement ondulées dans leur contour, bordées de dents fines, peu profondes, un peu recourbées et aiguës, bien soutenues sur des pétioles extraordinairement courts, grêles, redressés et un peu duveteux ; deux très-petites glandes globuleuses jaunes sont ordinairement attachées à la base du limbe.

Stipules de moyenne longueur, souvent plusieurs fois et finement lobées à leur base.

Boutons à fruit petits, conico-ovoïdes, finement aigus, assez nombreux sur des dards courts et un peu forts ; écailles d'un marron rougeâtre terne.

Fleurs bien petites ; pétales elliptiques, concaves, se touchant un peu entre eux ; divisions du calice courtes, bien atténuées et aiguës à leur extrémité ; pédicelles assez courts, un peu forts et un peu duveteux.

Feuilles des productions fruitières petites, obovales un peu élargies, très-brusquement et très-courtement atténuées vers le pétiole, obtuses à leur extrémité, planes ou même un peu convexes, bordées de dents très-fines, très-peu profondes, couchées et peu aiguës, bien soutenues sur des pétioles extraordinairement courts et grêles.

Caractère saillant de l'arbre : teinte générale du feuillage d'un vert herbacé vif et brillant ; toutes les feuilles petites ; tous les pétioles extraordinairement courts et grêles.

Fruit petit, sphérico-ovoïde, peu atténué et un peu tronqué du côté de la queue, un peu plus atténué et un peu obtus du côté du point pistillaire, bien convexe par ses joues, également convexe par ses faces dont l'une est traversée par un sillon étroit, un peu creusé et qui souvent le partage en deux parties inégales.

Peau bien fine et mince, d'abord d'un pourpre intense, puis passant à la maturité, commencement de septembre, au pourpre noir recouvert d'une fleur bleue et épaisse. Point pistillaire blanchâtre un peu saillant à l'extrémité du sillon.

Queue courte, un peu forte, attachée dans une cavité étroite et un peu profonde.

Chair jaune, fine, tendre, suffisante en jus sucré et un peu parfumé.

Noyau un peu gros pour le volume du fruit, ovoïde, épais, peu atténué et un peu obliquement tronqué à son point d'attache à la queue, obtus à son autre extrémité brusquement surmontée d'une petite pointe aiguë, à joues bien bombées, bien finement plissées vers le point d'attache, peu raboteuses, se détachant de la chair ; suture ventrale très-peu profondément sillonnée et finement crénelée par ses bords ; arête dorsale épaisse, saillante et peu tranchante vers le point d'attache, aplanie sur le reste de sa longueur ; rainures latérales étroites et peu profondes.

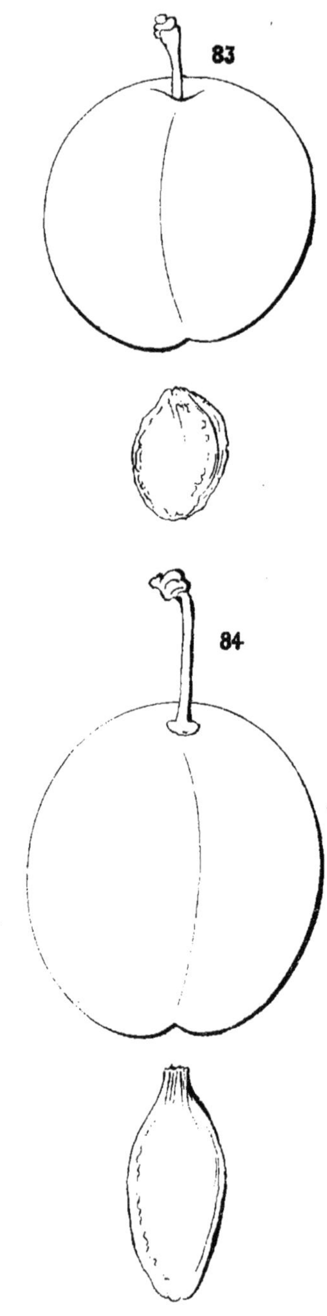

83 DAMAS DE DIFFENBACH. 84 ROUSSE DE GUTHRIE.

Peingeon, del.t *Imp. Gauthier Frères, à Lons-le-Saunier.*

ROUSSE DE GUTHRIE

(GUTHRIE'S RUSSET)

(N° 84)

The Fruits and the fruit-trees of America. Downing.

Observations. — Cette variété, d'après M. Downing, est un gain de M. Guthrie, renommé, en Ecosse, par les nouvelles variétés de Prunes qu'il a obtenues. — L'arbre, de vigueur moyenne, s'accommode bien des formes régulières. Sa haute tige forme une tête d'assez grande dimension et irrégulière dans sa tenue. Sa fertilité est précoce, mais sujette à des alternats complets. Son fruit, de belle apparence, nous paraît propre seulement aux usages du ménage.

DESCRIPTION.

Rameaux forts, presque unis dans leur contour, droits, à entre-nœuds de moyenne longueur, d'un brun rougeâtre sombre en partie voilé d'une pellicule plombée du côté du soleil et bien mouchetés de jaunâtre du côté de l'ombre, glabres sur toute leur longueur.

Boutons à bois moyens, coniques, épais, peu longs et peu aigus, à direction parallèle au rameau, soutenus sur des supports extraordinairement saillants dont l'arête médiane se prolonge très-peu distinctement ; écailles d'un marron terne.

Pousses d'été d'un vert vif, lavées de rouge violet du côté du soleil et glabres sur toute leur longueur.

Feuilles des pousses d'été moyennes, obovales-elliptiques et élargies, se terminant peu brusquement en une pointe peu longue et un peu aiguë, le plus souvent concaves et parfois un peu convexes, le plus souvent largement et sensiblement ondulées dans leur contour, bordées de dents larges, profondes et arrondies, soutenues horizontalement sur des pétioles de moyenne longueur, un peu forts, presque glabres et munis de deux glandes ovalaires ordinairement attachées à la base du limbe.

Stipules assez longues, lancéolées-élargies, profondément dentées et largement lobées à leur base.

Boutons à fruit petits, conico-ovoïdes, un peu aigus, réunis nombreux sur des dards très-courts et très-forts ; écailles d'un marron peu brillant.

Fleurs bien grandes ; pétales elliptiques-élargis, d'un beau blanc de neige ; divisions du calice longues, elliptiques, peu larges, très-obtuses à leur extrémité ; pédicelles de moyenne longueur et forts.

Feuilles des productions fruitières petites, obovales-elliptiques, un peu allongées et peu larges, se terminant en une pointe très-courte, creusées en gouttière et largement ondulées dans leur contour, bordées de dents assez fines, profondes et aiguës, bien soutenues sur des pétioles un peu longs, un peu forts et roides.

Caractère saillant de l'arbre : teinte générale du feuillage d'un vert des plus vif ; la plupart des feuilles remarquablement ondulées ; stipules bien développées et bien persistantes.

Fruit assez gros, ovo-ellipsoïde, court et bien obtus à ses deux extrémités, un peu plus atténué du côté du point pistillaire que du côté de la queue, largement convexe par ses joues, convexe à peine comprimé sur une de ses faces partagée en deux parties inégales par un sillon large et profond, largement convexe par la face opposée.

Peau mince, ne se détachant pas de la chair, d'abord d'un vert très-clair, puis passant à la maturité, milieu d'août, au jaune mat et bruni, finement pointillé de blanc et largement coloré, sur les parties les mieux éclairées, d'un rouge clair un peu jaune et recouvert d'une fleur du plus joli rose lilas. Point pistillaire jaunâtre, placé dans un petit creux à l'extrémité du sillon.

Queue un peu longue, un peu forte, attachée dans une cavité étroite et un peu profonde.

Chair d'un jaune peu foncé et terne, demi-fine, un peu ferme, peu abondante en jus sucré et relevé d'un parfum assez peu distingué.

Noyau un peu petit pour le volume du fruit, exactement ovoïde, assez régulièrement atténué en une pointe peu tronquée à son point d'attache à la queue, bien régulièrement atténué à son autre extrémité un peu aiguë, à joues sensiblement et uniformément bombées, unies dans leur surface et adhérant à la chair ; suture ventrale très-étroitement et très-peu profondément sillonnée, presque unie ou unie par ses bords ; arête dorsale extraordinairement épaisse, non saillante et aplanie sur toute sa longueur ; rainures latérales peu appréciables.

REINE-CLAUDE D'HENRIETTA

(HENRIETTA GAGE)

(N° 85)

The Fruits and the fruit-trees of America. Downing.

Observations. — Cette variété, à laquelle Downing attribue le synonyme Early Genesee, fut d'après lui obtenue dans les environs de la ville d'Henrietta, comté de Monroë, état de New-York. — L'arbre, d'une végétation assez faible, forme une tête sphérique élevée, assez compacte et qui n'atteint qu'une dimension à peine moyenne. Sa fertilité est très-précoce et grande, son fruit est de toute première qualité.

DESCRIPTION.

Rameaux d'une bonne force et bien soutenue jusqu'à leur partie supérieure, droits, à entre-nœuds courts ou très-courts, d'un rouge sombre en partie voilé d'une pellicule jaunâtre ou grisâtre, recouverts sur toute leur longueur d'un duvet épais et hérissé.

Boutons à bois moyens, coniques-allongés et finement aigus, à direction parallèle au rameau, soutenus sur des supports extraordinairement saillants dont les côtés et l'arête médiane ne se prolongent pas ou très-obscurément ; écailles d'un marron rougeâtre terne.

Pousses d'été d'un vert très-clair, à peine lavées de rouge du côté du soleil et couvertes sur toute leur longueur d'un duvet court et épais.

Feuilles des pousses d'été moyennes, obovales-élargies, se terminant un peu brusquement en une pointe peu longue et large, planes ou même un peu convexes, un peu arquées, bordées de dents assez profondes, un peu couchées et un peu aiguës, s'abaissant sur des pétioles courts, forts, presque horizontaux, peu souples, duveteux et munis de deux glandes globuleuses d'un jaune clair.

Stipules très-courtes, fines et seulement une fois lobées à leur base.

Boutons à fruit moyens, conico-ovoïdes, allongés et finement aigus, réunis sur des dards courts ou assez courts et forts ; écailles d'un beau marron rougeâtre.

Fleurs petites ; pétales obovales, bien atténués du côté de l'onglet, souvent finement dentés et légèrement lavés de jaune à leur sommet, un peu concaves, écartés entre eux ; divisions du calice de moyenne longueur, étroites, peu atténuées et obtuses à leur extrémité ; pédicelles assez courts et de moyenne force.

Feuilles des productions fruitières moyennes, obovales-lancéolées, allongées et étroites, longuement et sensiblement atténuées vers le pétiole, obtuses à leur extrémité, régulièrement creusées en gouttière et à peine arquées, bordées de dents assez fines, assez peu profondes, couchées et un peu aiguës, s'abaissant un peu sur des pétioles un peu longs, un peu forts et un peu souples.

Caractère saillant de l'arbre : teinte générale du feuillage d'un vert tendre ; feuilles des productions fruitières remarquablement allongées, étroites et régulièrement creusées.

Fruit moyen, ovo-ellipsoïde, un peu court, à peine un peu plus atténué du côté du point pistillaire que du côté de la queue vers lequel il est à peine tronqué, tandis qu'il est largement obtus à son autre extrémité, très-peu convexe par ses joues et également convexe par ses faces dont l'une est traversée par un sillon le plus souvent à peine appréciable.

Peau fine, mince, d'abord d'un vert clair, puis passant à la maturité, commencement d'août, au jaune un peu verdâtre et recouvert d'une fleur blanchâtre peu adhérente. Point pistillaire d'un jaune clair, peu visible, placé dans un très-petit creux formé par la pointe du fruit.

Queue un peu longue, de moyenne force, attachée dans une cavité très-étroite et un peu profonde.

Chair d'un jaune clair et vif, tendre, fondante, abondante en jus délicieusement sucré et parfumé.

Noyau petit pour le volume du fruit, ovoïde, un peu échancré à son point d'attache à la queue, s'atténuant un peu sensiblement pour se terminer en une pointe très-courte et très-fine à son autre extrémité, à joues assez bombées, traversées par un pli prononcé et partant du point d'attache, finement chagrinées ou presque unies dans leur surface, adhérant à la chair ; suture ventrale finement et peu profondément sillonnée, très-finement et très-peu profondément crénelée par ses bords ; arête dorsale peu épaisse, un peu saillante et tranchante sur la plus grande partie de sa longueur ; rainures latérales très-peu appréciables.

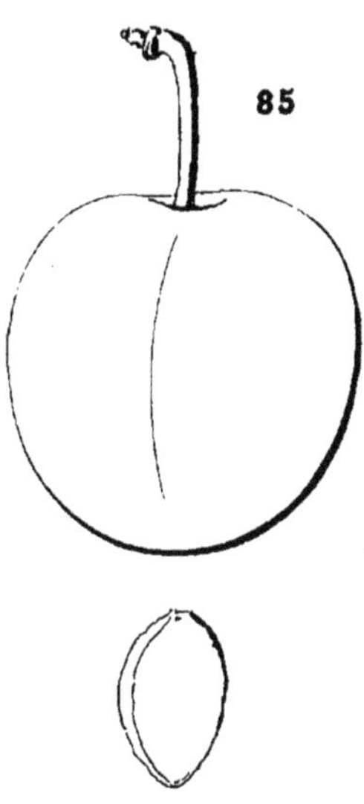

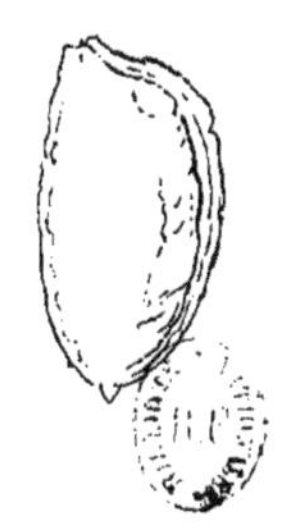

85 REINE-CLAUDE D'HENRIETTA. 86 QUETSCHE COMMUNE.

Peingeon, delt

Imp. Gauthier frères, à Lons-le-S.

QUETSCHE DOMESTIQUE
QUETSCHE COMMUNE

(HAUSZWETSCHE, GEMEINE ZWETSCHE)

(N° 86)

Illustrirtes Handbuch der Obstkunde. OBERDIECK.
GEMEINE HAUSWETSCHE. HAUSPFLAUME. *Systematisches Handbuch der Obstkunde.* DITTRICH.
ZWETSCHE. *Handbuch über die Obstbaumzucht.* CHRIST.
QUETSCHE. *The fruit Manual.* ROBERT HOGG.
PRUNE ZWETSCHEN. *Nouveau traité des arbres fruitiers.* LOISELEUR-DESLONGCHAMPS.
QUETSCHE DE LORRAINE. *Traité complet sur les pépinières.* CALVEL.
GERMAN PRUNE. *The Fruits and the fruit-trees of America.* DOWNING.

OBSERVATIONS. — D'après les auteurs allemands, cette variété serait originaire de l'Asie, d'où elle aurait été apportée après une croisade. Quoiqu'il en soit de la certitude de cette opinion, il est mieux prouvé qu'elle fut très-multipliée d'abord en Allemagne où, par le semis des noyaux de son fruit, furent créées un si grand nombre de variétés qu'il serait bien difficile d'affirmer aujourd'hui quel fut le premier type de cette race de Prunes qui porte le nom de Quetsche, et dont on retrouve des représentants dans presque tous les pays. Celle que nous reproduisons est le type adopté par les pomologistes allemands. — L'arbre, de vigueur moyenne, forme une tête sphérique, assez peu compacte, d'une fertilité assez précoce et extraordinairement grande. Son fruit réunit les principales qualités des Prunes bonnes à sécher, mais il est surpassé dans cet emploi par un assez grand nombre d'autres fruits de la même classe.

DESCRIPTION.

Rameaux un peu forts, anguleux dans leur contour, un peu flexueux, à entre-nœuds très-courts, d'un rouge vineux taché de jaune de places en places, glabres sur toute leur longueur.

Boutons à bois moyens, coniques, courts, épaissis à leur base et courtement aigus, à direction très-peu écartée du rameau, soutenus sur des supports bien saillants dont l'arête médiane se prolonge assez distinctement ; écailles d'un marron rougeâtre peu foncé et terne.

Pousses d'été lavées de rouge clair et vif, bien lisses sur toute leur longueur.

Feuilles des pousses d'été moyennes ; feuilles supérieures obovales-élargies, se terminant régulièrement en une pointe aiguë, planes ou même convexes ; feuilles inférieures obovales-allongées, se terminant bien régulièrement en une pointe plus ou moins obtuse, creusées en gouttière, bordées de dents doubles, profondes et bien obtuses, mollement soutenues sur des pétioles courts, un peu forts, bien flexibles, glabres, munis de deux très-petites glandes ovalaires jaunes.

Stipules courtes, finement aiguës et à peine une fois lobées à leur base.

Boutons à fruit très-petits, coniques, bien aigus, réunis sur des dards plus ou moins courts et très-grêles ; écailles d'un marron rougeâtre terne.

Fleurs très-petites ; pétales elliptiques, finement dentés ou crénelés à leur sommet, peu concaves, bien lavés de jaune ; divisions du calice bien longues, étroites, assez atténuées et presque aiguës à leur extrémité ; pédicelles extraordinairement courts et un peu forts.

Feuilles des productions fruitières plus petites que celles des pousses d'été, obovales bien allongées et étroites, obtuses à leur extrémité, creusées en gouttière, bordées de dents un peu profondes, souvent doubles et obtuses, assez peu soutenues sur des pétioles très-courts, grêles et un peu flexibles.

Caractère saillant de l'arbre : teinte générale du feuillage d'un vert clair et gai, feuilles les plus jeunes largement bordées et maculées de rouge vineux ; toutes les feuilles un peu molles et très-finement duveteuses à leur page inférieure.

Fruit moyen, ovoïde un peu allongé, assez atténué et obtus du côté de la queue, plus atténué et presque aigu du côté du point pistillaire, largement convexe par ses joues, également convexe par une de ses faces, sensiblement plus convexe par la face opposée traversée par un sillon indiqué seulement par la ligne de suture.

Peau un peu ferme, d'abord d'un pourpre intense, puis passant à la maturité, commencement de septembre, au pourpre encore plus intense, finement pointillé de blanc et recouvert d'une fleur azurée et dense. Point pistillaire petit, rougeâtre, attaché à fleur de la pointe du fruit.

Queue assez courte, grêle, attachée à fleur du fruit.

Chair verdâtre, ferme, succulente, peu abondante en jus sucré, acidulé, sans parfum appréciable.

Noyau proportionné au volume du fruit, ovoïde-allongé, brusquement et courtement atténué et un peu tronqué à son point d'attache à la queue, s'atténuant régulièrement à son autre extrémité en une pointe aiguë, à joues très-peu bombées, à peine plissées vers le point d'attache, finement chagrinées et se détachant parfaitement de la chair ; suture ventrale étroitement et peu profondément sillonnée, régulièrement crénelée par ses bords ; arête dorsale peu épaisse, un peu saillante, un peu tranchante sur la plus grande partie de sa longueur ; rainures latérales bien finement creusées.

MAMELONNÉE

(N° 87)

The fruit Manual. Robert Hogg.
The Fruits and the fruit-trees of America. Downing.
BRUSTWARZENPFLAUME. *Illustrirtes Handbuch der Obstkunde.* Oberdieck.

Observations. — Cette variété est réputée avoir été obtenue par M. Sageret, l'auteur de la *Pomologie physiologique*, dont il nous est aussi resté quelques semis de poires. — L'arbre, de vigueur moyenne, forme une tête irrégulière, de petite dimension, à branches divergentes et recourbées en dessous. Sa fertilité est précoce et bonne. Son fruit, curieux par sa forme, est de bonne qualité.

DESCRIPTION.

Rameaux assez grêles, bien anguleux dans leur contour, flexueux, à entrenœuds assez courts, d'un brun jaunâtre terne du côté de l'ombre, d'un brun rougeâtre sombre et voilé d'une pellicule brillante du côté du soleil, un peu duveteux du côte de l'ombre, lisses et luisants du côté du soleil.

Boutons à bois très-petits, coniques, courts, épaissis à leur base et courtement aigus, à direction parallèle ou presque parallèle au rameau, soutenus sur des supports très-saillants dont les côtés et l'arête médiane se prolongent très-distinctement ; écailles d'un marron rougeâtre très-foncé et terne.

Pousses d'été d'un vert d'eau pâle, lavées de violet du côté du soleil et presque glabres.

Feuilles des pousses d'été moyennes ou assez petites, obovales-élargies, courtement atténuées vers le pétiole et se terminant peu brusquement en une pointe courte et bien aiguë, peu repliées sur leur nervure médiane et ondulées dans leur contour, arquées, profondément crénelées et surcrénelées plutôt que dentées, soutenues horizontalement sur des pétioles très-courts, forts, à peine duveteux, horizontaux et munis de très-petites glandes globuleuses jaunes et manquant souvent.

Stipules assez courtes, lancéolées et le plus souvent entières.

Boutons à fruit très-petits, conico-ovoïdes, aigus, réunis sur des dards très-courts et un peu forts ; écailles d'un marron sombre.

Fleurs petites ; pétales elliptiques-arrondis, concaves, se touchant entre eux, sensiblement dentés et à peine teintés de jaune à leur sommet ; divisions du calice de moyenne longueur, peu larges, un peu atténuées et peu obtuses à leur extrémité ; pédicelles courts, de moyenne force et un peu duveteux.

Feuilles des productions fruitières moyennes ou assez petites, obovales-allongées et longuement atténuées vers le pétiole ou obovales-élargies et plus courtement atténuées vers le pétiole, obtuses à leur extrémité, bien creusées en gouttière ou concaves et à peine arquées, bordées de dents fines, peu profondes, un peu couchées et aiguës, soutenues sur des pétioles courts, bien forts et divergents.

Caractère saillant de l'arbre : feuilles des pousses d'été d'un vert vif et brillant ; feuilles des productions fruitières d'un vert pré mat ; tous les pétioles plus ou moins courts et remarquablement forts.

Fruit moyen, cordiforme comprimé, surmonté, du côté de la queue, d'un petit mamelon qui a fait donner son nom à cette variété, tronqué et échancré du côté du point pistillaire, largement convexe par ses joues, bien comprimé sur une de ses faces presque aplatie, moins comprimé par la face opposée traversée par un sillon large et assez profond qui souvent se continue sur l'autre face au delà du point pistillaire.

Peau fine, mince, d'abord d'un vert très-clair, puis passant au vert blanchâtre et à l'entière maturité, commencement d'août, au jaune conservant par places un ton un peu verdâtre, finement sablé et pointillé d'un joli rose violet du côté du soleil et recouvert d'une fleur blanche très-fine et peu épaisse. Point pistillaire très-petit, brunâtre, attaché dans une petite dépression ouverte des deux côtés des faces.

Queue assez courte, assez grêle, attachée à fleur du petit mamelon qui surmonte le fruit.

Chair d'un jaune clair, fine, tassée, fondante, abondante en jus doux, sucré, délicatement et agréablement parfumé.

Noyau assez petit pour le volume du fruit, irrégulièrement ovoïde, se terminant brusquement et seulement d'un côté à son point d'attache à la queue en une petite pointe aiguë, formant presque perpendiculairement la continuation de la suture ventrale, se terminant à son autre extrémité en une petite pointe très-courte et très-aiguë, à joues bien bombées, largement plissées vers le point d'attache et se détachant bien de la chair ; suture ventrale un peu saillante, assez largement et peu profondément sillonnée, unie par ses bords ; arête dorsale épaisse, très-saillante, tranchante sur toute sa longueur ; rainures latérales très-fines, peu appréciables.

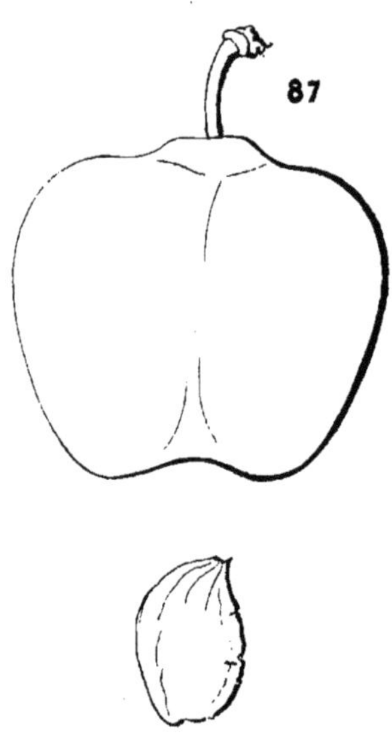

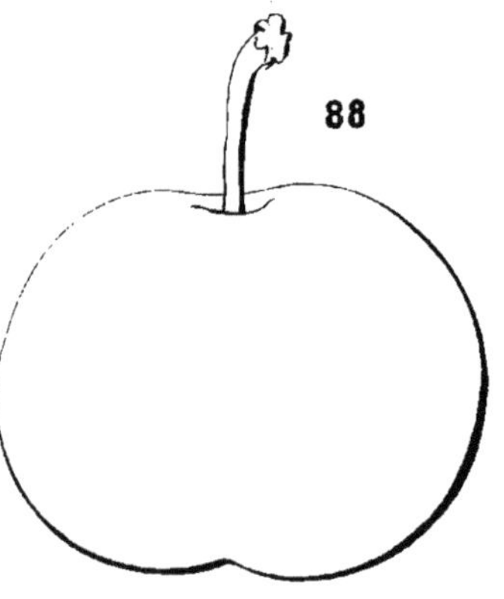

87 MAMELONNÉE. 88 GROSSE REINE-CLAUDE VERTE DE BERLEPSCH.

Peingeon, del.^t *Imp. Gauthier frères, à Lons-le-Saunier. 22.*

GROSSE REINE-CLAUDE VERTE DE BERLEPSCH

(BERLEPCHS RENCLODE GROSSE GRÜNE)

(N° 88)

Catalogue Jahn. 1864.

OBSERVATIONS. — D'après Jahn, cette variété serait un semis de Liegel. — L'arbre, de bonne vigueur, forme une tête sphérique-déprimée, d'assez grande dimension et peu régulière. Sa fertilité est précoce et moyenne. Le fruit a la même saveur et la même qualité que la Reine-Claude dont il sort probablement ; il s'en distingue par sa maturité un peu plus précoce, sa forme un peu plus déprimée et le ton un peu plus pâle de la couleur de sa peau.

DESCRIPTION.

Rameaux forts, unis dans leur contour, à peine flexueux, à entre-nœuds de moyenne longueur et inégaux entre eux, d'un brun jaunâtre du côté de l'ombre, d'un brun rougeâtre sombre et voilé d'une pellicule épaisse et fendillée du côté du soleil, glabres sur toute leur longueur.

Boutons à bois très-petits, coniques, maigres et bien aigus, à direction écartée du rameau, soutenus sur des supports extraordinairement saillants dont les côtés et l'arête médiane ne se prolongent pas ; écailles d'un marron rougeâtre sombre et foncé.

Pousses d'été d'un vert très-clair, lavées de rouge vineux du côté du soleil et glabres sur toute leur longueur.

Feuilles des pousses d'été assez grandes, ovales-élargies, se terminant régulièrement en une pointe bien aiguë, largement creusées en gouttière et à peine arquées, largement et assez profondément crénelées plutôt que dentées, bien fermes sur leurs pétioles courts, très-forts, glabres et munis de deux glandes ovalaires d'un vert olair.

Stipules courtes, lancéolées, entières ou à peine dentées et très-peu profondément lobées à leur base.

Boutons à fruit petits, coniques, bien aigus, réunis sur des dards très-courts et forts ; écailles d'un marron terne.

Fleurs petites ; pétales elliptiques, très-concaves, ne pouvant s'étaler, légèrement teintés de vert ; divisions du calice un peu longues, bien atténuées et aiguës à leur extrémité ; pédicelles courts, peu forts, glabres et contournés.

Feuilles des productions fruitières moyennes ou assez petites, obovales-allongées, sensiblement atténuées vers le pétiole, obtuses à leur extrémité, à peine creusées en gouttière, bordées de dents un peu profondes, un peu recourbées et un peu aiguës, soutenues sur des pétioles courts, grêles et roides.

Caractère saillant de l'arbre : teinte générale du feuillage d'un beau vert assez intense, et brillant ; feuilles de la partie inférieure des pousses d'été bien grandes par rapport à celle de la partie supérieure et soutenues sur des pétioles extraordinairement forts.

Fruit moyen ou assez gros, sphérique, déprimé à ses deux pôles, très-largement tronqué du côté de la queue, un peu plus atténué et moins largement tronqué du côté du point pistillaire, bien convexe par ses joues, également convexe par ses faces dont l'une est traversée par un sillon étroit et prononcé.

Peau fine, mince, d'abord d'un vert très-clair et un peu jaune, puis passant à la maturité, milieu d'août, au jaune verdâtre, parfois lavé et pointillé de rose du côté du soleil. Une fleur d'un blanc verdâtre, très-peu dense recouvre sa surface. Point pistillaire attaché à l'extrémité du sillon dans une cavité profonde et évasée.

Queue longue, forte, attachée dans une cavité un peu profonde et évasée.

Chair d'un vert jaunâtre, bien fine, fondante, abondante en jus richement sucré et délicieusement parfumé.

Noyau assez petit pour le volume du fruit, ovoïde-élargi, un peu tronqué à son point d'attache à la queue, largement obtus à son autre extrémité surmontée d'une très-petite pointe, à joues peu bombées, peu plissées vers le point d'attache, un peu chagrinées et se détachant parfaitement de la chair ; suture ventrale largement et profondément sillonnée, unie par ses bords ; arête dorsale épaisse, un peu saillante et tranchante seulement vers le milieu de sa longueur ; rainures latérales étroites et profondes.

MIRABELLE DE BOHN

(BOHNS MIRABELLE)

(N° 89)

Illustrirtes Handbuch der Obstkunde. OBERDIECK.
Catalogue Jahn. 1864.
BOHNS GESTREIFTE MIRABELLE. *Systematische Anleitung zur Kenntniss der Pflaumen.* LIEGEL.

OBSERVATIONS. — M. Liegel reçut cette variété de M. Henri de Bohn, possesseur de la seigneurie de Mamling, dans la Haute-Autriche. — L'arbre, de vigueur moyenne, forme une tête conique renversée, élevée, à branches érigées et un peu compacte. Sa fertilité est précoce et bonne. Son fruit, par sa saveur, tient le milieu entre la Petite-Mirabelle et la Reine-Claude.

DESCRIPTION.

Rameaux peu forts, unis dans leur contour, droits, à entre-nœuds très-courts, d'un rouge sanguin peu foncé et vif, couverts seulement à leur partie inférieure d'une pellicule brillante et un peu boursouflée, glabres sur toute leur longueur.

Boutons à bois très-petits, coniques, un peu épaissis à leur base et bien aigus, à direction un peu écartée du rameau, soutenus sur des supports un peu saillants dont les côtés et l'arête médiane ne se prolongent pas : écailles d'un marron rougeâtre foncé et brillant.

Pousses d'été d'un vert très-clair, lavées d'un joli rouge vif du côté du soleil et glabres sur toute leur longueur.

Feuilles des pousses d'été petites, ovales-élargies, se terminant régulièrement en une pointe bien recourbée ou contournée, creusées en gouttière ou repliées sur leur nervure médiane et un peu arquées, ondulées dans leur contour, finement et peu profondément crénelées et surcrénelées, irrégulièrement et bien soutenues sur des pétioles très-courts, grêles, tantôt dressés, tantôt horizontaux, glabres et munis de deux très-petites glandes réniformes jaunes.

Stipules courtes, presque jaunes, finement lancéolées et finement lobées à leur base.

Boutons à fruit très-petits, conico-ovoïdes, finement aigus, réunis nombreux sur des dards très-courts et forts ; écailles d'un marron rougeâtre terne.

Fleurs petites ; pétales presque elliptiques, bien arrondis à leur sommet, très-peu concaves ; divisions du calice courtes, étroites et un peu aiguës ; pédicelles extraordinairement courts et peu forts.

Feuilles des productions fruitières petites, obovales-elliptiques et un peu allongées, obtuses à leur extrémité, presque planes, parfois largement ondulées dans leur contour, à peine arquées, bordées de dents fines, peu profondes, bien couchées et peu aiguës, bien soutenues sur des pétioles assez courts, grêles et roides.

Caractère saillant de l'arbre : feuilles des pousses d'été d'un vert vif et luisant ; feuilles des productions fruitières d'un vert herbacé intense et un peu brillant ; toutes les feuilles petites et celles des pousses d'été remarquablement ondulées et contournées par leur extrémité ; aspect luisant de tous les organes de l'arbre.

Fruit petit, presque sphérique, se terminant en une demi-sphère un peu déprimée du côté de la queue, à peine un peu plus atténué et largement obtus du côté du point pistillaire, bien convexe par ses joues, également convexe par ses faces dont l'une est traversée par un sillon seulement indiqué par la ligne de suture.

Peau très-fine, très-mince, d'abord d'un vert très-clair, puis passant à la maturité, commencement de septembre, au jaune conservant une teinte un peu verdâtre, doré du côté du soleil et à peine voilé d'une fleur blanchâtre, très-fine et très-peu dense ; jusqu'à présent les fruits que j'ai récoltés n'ont jamais été marbrés de rouge comme les décrit M. Oberdieck de qui je tiens cette variété. Point pistillaire large, un peu roux, attaché dans une petite dépression à l'extrémité du sillon.

Queue de moyenne longueur, très-grêle et attachée à fleur du fruit.

Chair jaune, tendre, fondante, abondante en jus richement sucré et délicatement parfumé.

Noyau proportionné au volume du fruit, ovoïde court et élargi, échancré à son point d'attache à la queue, très-largement obtus à son autre extrémité surmontée d'une pointe peu appréciable, à joues un peu bombées, très-finement chagrinées et se détachant parfaitement de la chair ; suture ventrale largement et peu profondément sillonnée, unie par ses bords ; arête dorsale peu épaisse, bien saillante et tranchante sur presque toute sa longueur ; rainures latérales fines et bien creusées.

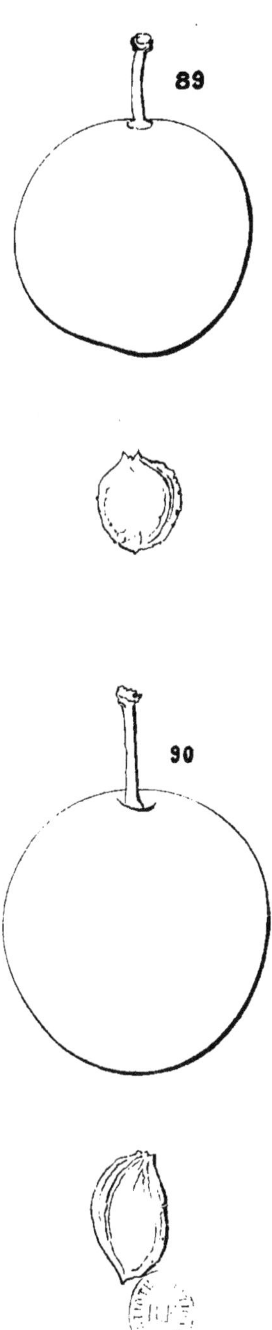

89 MIRABELLE DE BOHN. 90 GALBRAITH.

'eingeon, del.^t Imp. Gauthier frères, à Lons-le-Saunier.

GALBRAITH

(N° 90)

The Fruits and the fruit-trees of America. Downing.
The american fruit Culturist. Thomas.

Observations. — D'après Downing, cette variété fut obtenue par M. Galbraith, près de Boalsbury, Pensylvanie. — L'arbre, de grande vigueur, d'une végétation capricieuse, forme une tête irrégulière à branches écartées, diffuses, s'étendant au loin. Sa fertilité est précoce et grande ; son fruit est seulement de seconde qualité.

DESCRIPTION.

Rameaux forts, unis dans leur contour, droits, à entre-nœuds courts et s'allongeant un peu vers leur partie supérieure, d'un brun rougeâtre intense en partie voilé par une pellicule fendillée d'un gris argenté sur la plus grande partie de leur longueur, d'un rouge vineux intense à leur partie supérieure et entièrement glabres.

Boutons à bois petits, coniques, courts vers la partie inférieure du rameau, plus allongés à mesure qu'ils se rapprochent de sa partie supérieure, finement aigus, à direction un peu écartée du rameau, soutenus sur des supports saillants dont les côtés et l'arête médiane ne se prolongent pas ; écailles d'un marron rougeâtre foncé et peu brillant.

Pousses d'été d'un vert très-clair et glabres sur toute leur longueur.

Feuilles des pousses d'été moyennes, obovales-élargies, se terminant un peu brusquement en une pointe assez longue et large, convexes et à peine arquées, bordées de dents profondes, un peu recourbées et un peu aiguës, s'abaissant bien sur des pétioles un peu longs, un peu souples et se recourbant en dessous, à peine duveteux et munis de deux petites glandes vertes.

Stipules assez courtes, lancéolées plus ou moins élargies, tantôt entières, tantôt une seule fois lobées à leur base.

Boutons à fruit petits, conico-ovoïdes, bien aigus, réunis sur des dards assez courts et peu forts ; écailles d'un marron rougeâtre peu foncé et terne.

Fleurs petites ; pétales elliptiques, concaves, écartés entre eux ; divisions du calice de moyenne longueur, peu atténuées et obtuses à leur extrémité ; pédicelles de moyenne longueur, grêles et glabres.

Feuilles des productions fruitières moyennes, obovales-allongées, longuement et sensiblement atténuées vers le pétiole, obtuses à leur extrémité, un peu concaves, bordées de dents assez larges, un peu profondes, couchées et obtuses, soutenues sur des pétioles de moyenne longueur, peu forts et divergents.

Caractère saillant de l'arbre : feuilles des pousses d'été d'un vert tendre et terne ; feuilles des productions fruitières d'un vert pré un peu foncé et mat ; feuilles des pousses d'été remarquablement convexes et s'abaissant bien sur leurs pétioles.

Fruit moyen ou assez gros, ovoïde-court et épais, un peu plus épais du côté de la queue vers laquelle il se termine presque en demi-sphère, peu atténué et largement obtus vers le point pistillaire, largement convexe par ses joues, presque également convexe par ses faces dont l'une à peine comprimée est traversée par un sillon très-peu creusé, souvent à peine indiqué.

Peau fine, mince, se détachant de la chair à l'entière maturité, d'abord d'un pourpre clair, puis passant à la maturité, commencement d'août, au pourpre un peu plus foncé et recouvert d'une fleur d'un gris bleuâtre. Point pistillaire jaunâtre, placé à l'extrémité du sillon dans un creux étroit et un peu profond.

Queue longue, grêle, attachée dans une cavité étroite et profonde.

Chair jaunâtre, tendre, fondante, abondante en jus sucré, finement acidulé et un peu parfumé.

Noyau petit pour le volume du fruit, ovoïde un peu allongé et un peu comprimé, un peu brusquement atténué et tronqué à son point d'attache à la queue, se terminant régulièrement à son autre extrémité en une pointe courte et aiguë, à joues peu bombées, à peine plissées vers le point d'attache, un peu raboteuses et adhérant à la chair ; suture ventrale peu largement et peu profondément sillonnée, presque unie par ses bords ; arête dorsale peu épaisse, un peu saillante et tranchante sur toute sa longueur ; rainures latérales très-étroites et très-peu profondes.

PETITE QUETSCHE SUCRÉE

(KLEINE ZUCKER ZWETSCHE)

(N° 91)

Systematische Anleitung zur Kenntniss der Pflaumen. Liegel.
Systematisches Handbuch der Obstkunde. Dittrich.
Illustrirtes Handbuch der Obstkunde. Jahn.

Observations. — Cette variété est réputée, en Allemagne, avoir été obtenue, depuis longtemps, d'un semis de la Diaprée violette avec laquelle elle a de grands rapports dans son arbre et dans son fruit. — L'arbre forme une tête élevée, de moyenne dimension, à branches fastigiées. Sa fertilité est très-précoce, très- grande et soutenue. Son fruit est certainement de toute première qualité pour sécher.

DESCRIPTION.

Rameaux de moyenne force, un peu anguleux dans leur contour, droits, à entre-nœuds courts, bruns et à peine voilés d'une pellicule mince à leur partie inférieure, d'un rouge vineux à leur partie supérieure et glabres sur toute leur longueur.

Boutons à bois petits, coniques, épais à leur base et bien aigus, à direction parallèle au rameau, soutenus sur des supports bien saillants dont les côtés et l'arête médiane se prolongent assez distinctement; écailles d'un marron très-foncé.

Pousses d'été d'un vert un peu jaune, bien lavées de rouge sanguin du côté du soleil et glabres sur toute leur longueur.

Feuilles des pousses d'été petites, ovales-arrondies, se terminant régulièrement en une pointe peu aiguë, un peu repliées sur leur nervure médiane et arquées, largement ondulées dans leur contour, finement et peu profondément crénelées et surcrénelées, bien soutenues sur des pétioles courts, grêles, redressés et glabres ; deux très-petites glandes globuleuses d'un vert clair sont ordinairement attachées à la base du limbe.

Stipules courtes, lancéolées, finement dentées et finement lobées à leur base.

Boutons à fruit petits, conico-ovoïdes, bien aigus, réunis sur des dards peu longs et grêles ; écailles d'un marron très-foncé presque noir.

Fleurs petites ; pétales elliptiques, peu élargis, tronqués et légèrement échancrés à leur sommet ; divisions du calice un peu longues, étroites et aiguës ; pédicelles courts et grêles.

Feuilles des productions fruitières petites, ovales-lancéolées et allongées, un peu aiguës à leur extrémité, bien creusées en gouttière et à peine arquées, bordées de dents fines, bien couchées et aiguës, bien soutenues sur des pétioles courts, grêles et un peu redressés.

Caractère saillant de l'arbre : teinte générale du feuillage d'un vert herbacé un peu foncé et peu brillant ; feuilles des pousses d'été bien différentes dans leur forme de celles des productions fruitières ; les premières plus ou moins arrondies et les secondes, au contraire, presque lancéolées et étroites ; tous les pétioles courts, grêles et roides.

Fruit petit, un peu obovoïde, un peu plus atténué et à peine tronqué du côté de la queue, un peu moins atténué et obtus du côté du point pistillaire, peu convexe par ses joues, largement convexe-comprimé par une de ses faces et un peu plus convexe par la face opposée traversée par un sillon étroit et très-peu profond, souvent seulement indiqué.

Peau un peu ferme, d'abord d'un pourpre clair, puis passant à la maturité, commencement de septembre, au pourpre extraordinairement intense et recouvert d'une fleur bleue et épaisse. Point pistillaire rougeâtre, un peu saillant dans un petit creux à l'extrémité du sillon.

Queue de moyenne longueur ou assez courte, grêle, attachée dans une cavité très-étroite et peu profonde.

Chair jaunâtre, fine, succulente, suffisante en jus richement sucré et vineux.

Noyau proportionné au volume du fruit, ovoïde un peu allongé, presque arrondi plutôt que tronqué à son point d'attache à la queue, un peu obtus à son autre extrémité surmontée d'une très-petite pointe, à joues peu bombées, bien finement plissées vers le point d'attache, chagrinées et se détachant bien de la chair ; suture ventrale le plus souvent fermée et très-peu distinctement crénelée par ses bords ; arête dorsale un peu épaisse, un peu saillante, tranchante vers le point d'attache, aplanie sur le reste de sa longueur ; rainures latérales très-étroites et très-peu profondes.

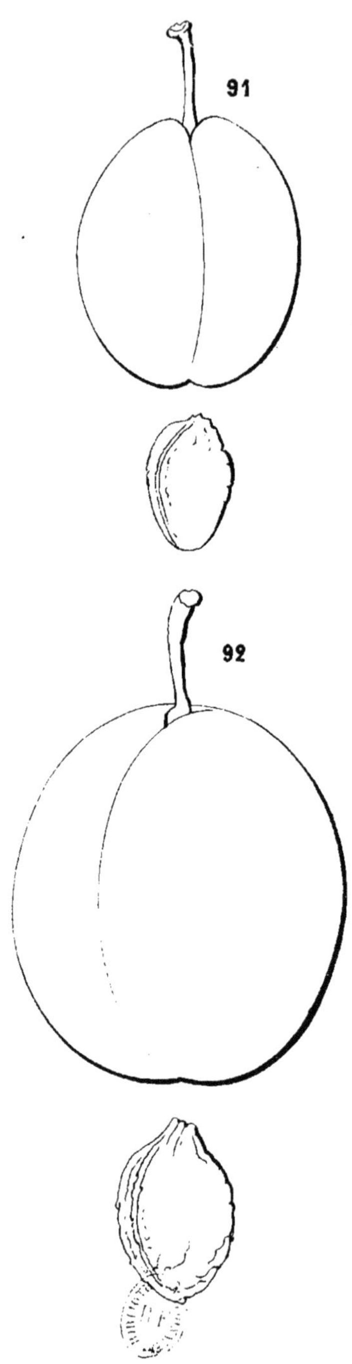

91 PETITE QUETSCHE SUCRÉE. 92 ŒUF DE NIENBURG.

Peingeon, del.^t

Imp. Gauthier Frères, à Lons-le-Saunier. 23

ŒUF DE NIENBURG

(NIENBURGER EIERPFLAUME)

(N° 92)

Illustrirtes Handbuch der Obstkunde. Oberdieck.
Systematische Anleitung zur Kenntniss der Pflaumen. Liegel.
Catalogue Jahn. 1864.

Observations. — Cette variété fut trouvée inédite par M. Oberdieck, dans le jardin d'un curé de Nienburg, Hanôvre. — L'arbre, de vigueur normale, forme une tête de moyenne dimension, à branches divergentes et souples, et ne s'accommode des formes régulières qu'autant qu'il est appuyé à un treillage. Sa fertilité est précoce et grande. Son fruit d'un beau volume est surtout propre à sécher.

DESCRIPTION.

Rameaux grêles, finement anguleux dans leur contour, un peu flexueux, à entre-nœuds de moyenne longueur, d'un brun jaunâtre à l'ombre, d'un brun rougeâtre intense et brillant à peine voilé d'une pellicule mince et d'apparence métallique du côté du soleil, glabres sur toute leur longueur.

Boutons à bois gros, coniques bien allongés, très-finement aigus, à direction peu écartée du rameau, soutenus sur des supports bien saillants dont les côtés et l'arête médiane se prolongent finement; écailles d'un marron foncé et finement bordé de gris jaunâtre.

Pousses d'été d'un vert d'eau, lavées de rouge violet du côté du soleil, et glabres sur toute leur longueur.

Feuilles des pousses d'été assez petites, arrondies-élargies, obtuses à leur extrémité, très-peu repliées sur leur nervure médiane et peu arquées, très-largement ondulées dans leur contour, bordées de dents un peu larges, un peu profondes, surdentées, un peu recourbées et obtuses, soutenues horizontalement sur des pétioles assez courts, peu forts, horizontaux et glabres ; deux très-petites glandes d'un vert jaunâtre sont ordinairement attachées à la base du limbe.

Stipules de moyenne longueur, lancéolées, profondément dentées, profondément et souvent deux fois lobées à leur base.

Boutons à fruit moyens, coniques-allongés et très-finement aigus, assez peu nombreux sur des dards un peu longs et grêles; écailles d'un marron foncé et peu brillant.

Fleurs moyennes; pétales très-larges, bien concaves, ne pouvant s'étaler, un peu lavés de jaune, souvent irrégulièrement dentés à leur sommet; divisions du calice longues, étroites et presque aiguës; pédicelles assez courts et un peu forts.

Feuilles des productions fruitières petites, obovales-elliptiques, brusquement et courtement atténuées vers le pétiole, obtuses à leur extrémité, presque planes ou à peine concaves, bordées de dents fines, peu profondes, couchées et peu aiguës, soutenues sur des pétioles assez courts et très-grêles.

Caractère saillant de l'arbre: teinte générale du feuillage d'un vert pré mat; feuilles des pousses d'été arrondies, bien élargies et bien ondulées dans leur contour; toutes les feuilles plus ou moins petites.

Fruit gros, obovoïde, à peine un peu plus atténué et obtus du côté de la queue, un peu moins atténué et plus obtus du côté du point pistillaire, largement convexe par ses joues, également convexe par ses faces dont l'une est traversée par un sillon large et profond.

Peau un peu ferme, d'abord d'un vert pâle largement taché de pourpre, puis passant à la maturité, fin d'août, au pourpre assez intense et très-finement pointillé de blanchâtre; une fleur fine et de couleur lilas recouvre sa surface. Point pistillaire large, blanchâtre, attaché à fleur du fruit et à l'extrémité du sillon.

Queue un peu longue, bien forte, souvent courbée, attachée presque à fleur du fruit dans une cavité très-étroite et très-peu profonde.

Chair jaunâtre, un peu ferme, succulente, suffisante en jus sucré, vineux et acidulé.

Noyau petit pour le volume du fruit, irrégulièrement ovoïde un peu élargi et un peu allongé, assez sensiblement atténué et peu tronqué à son point d'attache à la queue, se terminant régulièrement à son autre extrémité en une pointe aiguë, à joues comprimées, raboteuses et se détachant parfaitement de la chair; suture ventrale fermée et largement crénelée par ses bords; arête dorsale peu épaisse, peu saillante, à peine tranchante vers le point d'attache; rainures latérales peu appréciables.

FAVORITE D'HOWARD

(HOWARD'S FAVORITE)

(N° 93)

The Fruits and the fruit-trees of America. DOWNING.
The american fruit Culturist. THOMAS.

OBSERVATIONS. — D'après Downing, cette variété a été obtenue par M. E. Dorr, d'Albany, New-York. — L'arbre, d'une grande vigueur, d'une végétation mal équilibrée, ne s'accommode pas des formes régulières. Sa haute tige forme une tête étendue et peu compacte. Sa fertilité est très-précoce et très-grande, son fruit est d'un joli aspect et de bonne qualité.

DESCRIPTION.

Rameaux de moyenne force, un peu anguleux dans leur contour, droits, à entre-nœuds très-courts, bruns du côté de l'ombre, d'un brun vineux et assez brillant du côté du soleil, non recouverts d'une pellicule sur la plus grande partie de leur étendue, glabres sur toute leur longueur.

Boutons à bois gros, coniques bien allongés et bien aigus, à direction parallèle au rameau, soutenus sur des supports bien saillants dont l'arête médiane se prolonge assez peu distinctement; écailles d'un marron un peu foncé et terne.

Pousses d'été d'un vert décidé, lavées de rouge sanguin terne du côté du soleil et lisses sur toute leur longueur.

Feuilles des pousses d'été grandes, ovales-elliptiques, se terminant régulièrement en une pointe bien aiguë, très-largement creusées en gouttière et arquées, bien régulièrement et peu profondément crénelées, bien soutenues sur des pétioles de moyenne longueur, forts, redressés, un peu duveteux et munis de deux glandes globuleuses vertes.

Stipules de moyenne longueur, lancéolées-étroites, finement dentées et une fois lobées à leur base.

Boutons à fruit moyens, coniques-allongés, finement aigus, réunis sur des dards assez courts et peu forts ; écailles d'un marron peu foncé et terne.

Fleurs moyennes ; pétales obovales-élargis, plutôt convexes que concaves, très-finement dentés et à peine teintés de jaune à leur sommet ; divisions du calice longues, peu larges, un peu atténuées et peu obtuses à leur extrémité ; pédicelles longs, grêles et glabres.

Feuilles des productions fruitières moyennes ou petites, obovales-allongés et un peu obtuses à leur extrémité, bien repliées sur leur nervure médiane et bien arquées, ondulées dans leur contour, bordées de dents un peu profondes, fines et bien aiguës, bien soutenues sur des pétioles courts, grêles et dressés.

Caractère saillant de l'arbre : feuilles des pousses d'été d'un vert tendre et mat ; feuilles des productions fruitières d'un vert bleu assez intense et brillant, remarquablement repliées, arquées et ondulées ; toutes les feuilles bien fermes sur leurs pétioles.

Fruit moyen, obcordiforme, brusquement et sensiblement atténué et peu obtus du côté de la queue, tronqué et échancré du côté du point pistillaire, bien convexe par ses joues, bien largement convexe par une de ses faces, convexe un peu comprimé par la face opposée traversée par un sillon étroit et très-peu profond.

Peau fine, mince, se détachant de la chair, d'abord d'un vert très-pâle, puis passant à la maturité, fin d'août, au jaune clair lavé et taché de rouge cramoisi du côté du soleil. Une fleur blanchâtre voile toute sa surface et donne aux tons rouges une teinte lilas. Point pistillaire jaune, large, attaché dans une dépression peu profonde, évasée, un peu ouverte du côté du sillon.

Queue longue, forte, de couleur bois, attachée dans une cavité étroite et très-peu profonde.

Chair jaune, tendre, fondante, ruisselante en jus sucré et assez agréablement parfumé.

Noyau petit pour le volume du fruit, très-irrégulièrement obovoïde, atténué, recourbé et obliquement tronqué à son point d'attache à la queue, bien obtus à son autre extrémité brusquement surmontée d'une très-petite pointe, à joues bien bombées, portant sur la moitié de leur hauteur deux plis bien saillants, finement chagrinées et adhérant à la chair ; suture ventrale un peu largement et un peu profondément sillonnée, unie par ses bords ; arête dorsale très-épaisse, saillante et tranchante sur presque toute sa longueur ; rainures latérales étroites et bien creusées.

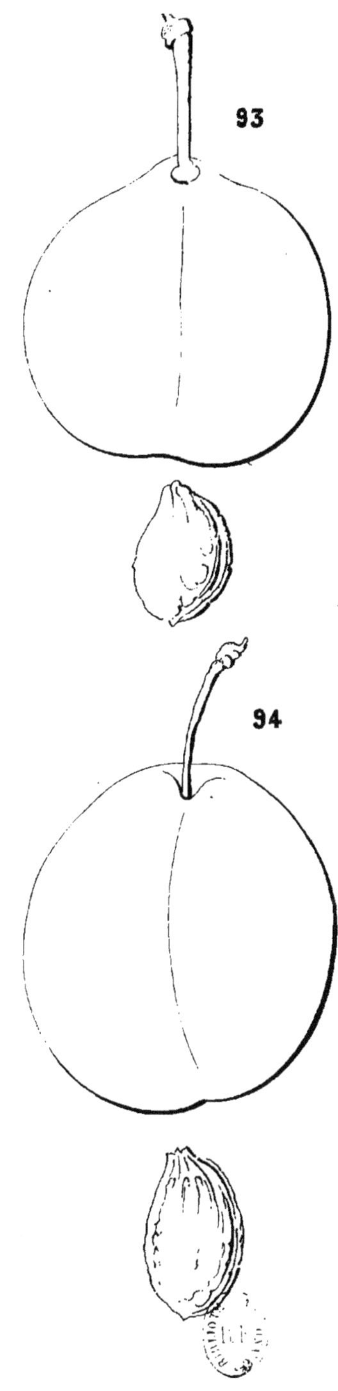

93 FAVORITE D'HOWARD. 94 ŒUF ORANGE DE PRINCE.

Peingeon del.t *Imp. Gauthier frères, à Lons-l.*

ŒUF ORANGE DE PRINCE

(PRINCE'S ORANGE EGG)

(N° 94)

The Fruits and the fruit-trees of America. DOWNING.
The american fruit Culturist. THOMAS.

OBSERVATIONS. — Cette variété est un gain du pépiniériste renommé, M. William Prince, de Flushing, Long-Island, New-York. — L'arbre forme une tête sphérique, d'assez grande dimension, régulière, peu compacte, robuste et d'un rapport précoce et soutenu. Son fruit est surtout propre à sécher.

DESCRIPTION.

Rameaux assez forts, presque unis ou très-finement anguleux dans leur contour, à peine flexueux, à entre-nœuds de moyenne longueur, d'un rouge vineux très-intense et terne, recouverts à leur partie inférieure d'une pellicule plombée et glabres sur toute leur longueur.

Boutons à bois moyens, coniques, allongés et finement aigus, à direction parallèle ou presque parallèle au rameau, soutenus sur des supports saillants dont l'arête médiane se prolonge souvent finement ; écailles d'un marron rougeâtre terne et bien foncé.

Pousses d'été colorées de rouge violet et glabres sur toute leur longueur.

Feuilles des pousses d'été moyennes, obovales-élargies, se terminant un peu brusquement en une pointe un peu longue, un peu convexe, bordées de dents peu profondes et arrondies, s'abaissant bien sur des pétioles courts, forts, flexibles et munis de deux glandes réniformes vertes.

Stipules très-caduques.

Boutons à fruit moyens, conico-ovoïdes, aigus, réunis sur des dards assez courts et peu forts ; écailles d'un marron terne.

Fleurs grandes ; pétales elliptiques-arrondis, peu concaves, un peu teintés de jaune à leur sommet ; divisions du calice assez courtes, non atténuées et obtuses à leur extrémité, ciliées par leurs bords ; pédicelles assez courts, de moyenne force et duveteux.

Feuilles des productions fruitières à peine moyennes, obovales-allongées et un peu élargies, obtuses ou arrondies à leur extrémité, convexes, bordées de dents un peu profondes, recourbées et un peu aiguës, mollement soutenues sur des pétioles un peu longs, grêles et flexibles.

Caractère saillant de l'arbre : teinte générale du feuillage d'un vert clair et jaune ; toutes les feuilles plutôt convexes que concaves et mollement soutenues sur leurs pétioles.

Fruit moyen ou assez gros, irrégulièrement obovoïde, sensiblement plus atténué et à peine tronqué du côté de la queue, largement et ordinairement obliquement obtus du côté du point pistillaire, largement convexe par ses joues, très-largement convexe-comprimé par une de ses faces et sensiblement plus convexe par la face opposée traversée par un sillon étroit et peu profond qui la partage en deux parties très-inégales.

Peau ferme, bien adhérente à la chair, d'abord d'un vert très-pâle, puis passant à l'entière maturité, septembre, au jaune canari, richement doré ou orangé et finement pointillé de blanc du côté du soleil ; une fleur d'un blanc lilas recouvre sa surface. Point pistillaire brun, un peu saillant dans une petite dépression à l'extrémité du sillon.

Queue un peu longue, grêle, attachée dans une cavité étroite et profonde.

Chair jaune, fine, ferme, peu abondante en jus bien sucré, à peine acidulé, sans parfum bien appréciable.

Noyau gros pour le volume du fruit, irrégulièrement ovoïde et un peu allongé, un peu atténué et un peu tronqué à son point d'attache à la queue, obtus à son autre extrémité surmontée d'une petite pointe aiguë, à joues un peu bombées, trois fois et sensiblement plissées vers le point d'attache, raboteuses et adhérant à la chair ; suture ventrale étroitement et peu profondément sillonnée, presque unie par ses bords ; arête dorsale extraordinairement épaisse, bien saillante, un peu tranchante vers le point d'attache, largement aplanie sur le reste de sa longueur ; rainures latérales très-finement et très-peu profondément creusées.

PRUNE DE RUDOLPHE

(RUDOLPHS PFLAUME)

(N° 95)

Systematische Anleitung zur Kenntniss der Pflaumen. LIEGEL.
Illustrirtes Handbuch der Obstkunde. OBERDIECK.

OBSERVATIONS. — Liegel reçut cette variété, en 1842, du comte de Bressler, à Fernesee, près de Nagybanya, en Hongrie, et sans renseignements sur son origine. — L'arbre, d'une bonne vigueur, à branches allongées, divergentes et s'abaissant bientôt vers la terre, est d'une fertilité très-précoce et très-grande. Son fruit est joli et de bonne qualité.

DESCRIPTION.

Rameaux peu forts, obscurément anguleux dans leur contour, presque droits, à entre-nœuds courts, d'un brun verdâtre à l'ombre, d'un brun rougeâtre et brillant du côté du soleil et à peine ou non voilés d'une pellicule très-mince, bien glabres sur toute leur longueur.

Boutons à bois petits, coniques, courts, épaissis à leur base et bien aigus, à direction bien écartée du rameau, soutenus sur des supports saillants dont l'arête médiane se prolonge peu distinctement; écailles d'un marron rougeâtre un peu bordé de gris terne.

Pousses d'été d'un vert terne, colorées de rouge vif du côté du soleil et glabres sur toute leur longueur.

Feuilles des pousses d'été assez petites, obovales, se terminant un peu brusquement en une pointe courte, un peu large et bien aiguë, très-largement creusées en gouttière ou un peu concaves, bordées de dents peu profondes, recourbées et un peu aiguës, soutenues horizontalement sur des pétioles courts, peu forts, presque horizontaux, à peine duveteux, munis de petites glandes vertes et manquant souvent.

Stipules un peu longues, lancéolées-élargies et souvent recourbées, dentées et peu profondément lobées à leur base.

Boutons à fruit petits, coniques, bien aigus, réunis sur des dards courts et assez peu forts ; écailles d'un marron très-peu foncé et ombré de gris terne.

Fleurs presque moyennes ; pétales ovales-élargis, largement arrondis à leur sommet, peu concaves, se recouvrant un peu entre eux ; division du calice courtes, à peine atténuées et bien obtuses à leur extrémité ; pédicelles assez courts et extraordinairement grêles.

Feuilles des productions fruitières assez petites, obovales-elliptiques, longuement et très-sensiblement atténuées vers le pétiole, obtuses à leur extrémité, un peu concaves et non arquées, bien régulièrement bordées de dents fines, peu profondes, un peu recourbées et un peu aiguës, soutenues sur des pétioles un peu longs et un peu forts.

Caractère saillant de l'arbre : feuilles des pousses d'été d'un vert tendre et mat ; feuilles des productions fruitières d'un vert à peine un peu plus foncé et peu brillant ; toutes les feuilles plus ou moins sensiblement obovales ; rameaux bien fluets et souples.

Fruit moyen, obovoïde, brusquement atténué en un petit mamelon du côté de la queue, largement obtus du côté du point pistillaire, largement convexe par ses joues, convexe à peine comprimé par ses faces dont l'une est traversée par un sillon le plus souvent seulement indiqué.

Peau fine, mince, d'abord et longtemps d'avance d'un vert blanchâtre, puis passant à la maturité, fin d'août et commencement de septembre, au jaune vif bien doré et parfois pointillé de rouge du côté du soleil. Point pistillaire très-petit, roussâtre, un peu saillant à l'extrémité du sillon.

Queue longue, de moyenne force, attachée à fleur du petit mamelon qui surmonte le fruit.

Chair d'un jaune clair, tendre, fondante, abondante en jus doux, sucré et délicatement parfumé.

Noyau un peu gros pour le volume du fruit, obovoïde un peu allongé et extraordinairement épais, bien atténué et presque aigu à son point d'attache à la queue, s'atténuant régulièrement en une pointe un peu aiguë à son autre extrémité, à joues extraordinairement bombées, formant dans leur surface deux plis courts et épais du côté de la pointe, chagrinées et adhérant à la chair ; suture ventrale sillonnée seulement sur le milieu de sa longueur et profondément crénelée sur le même espace ; arête dorsale peu épaisse, un peu saillante, à peine tranchante sur presque toute sa longueur ; rainures latérales bien creusées.

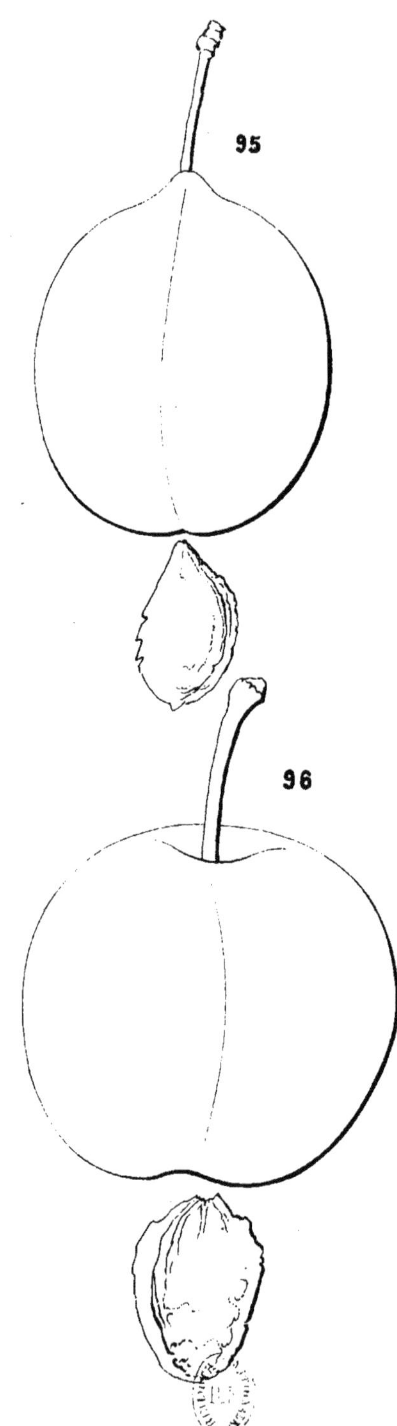

95 PRUNE DE RUDOLPHE. 96 VERTE A SÉCHER DE KNIGHT.

Peingeon, del.

Imp. Gauthier frères, à Lons-le-Saunier.

VERTE A SÉCHER DE KNIGHT

(KNIGHT'S GREEN DRYING)

(N° 96)

The fruit Manual. ROBERT HOGG.
LARGE GREEN DRYING. *The Fruits and the fruit-trees of America.* DOWNING.
The american fruit Culturist. THOMAS.

OBSERVATIONS. — Cette variété, que l'on appelle aussi Knight's large-drying (Grosse à sécher de Knight), est réputée avoir été obtenue par M. Knight, président de la Société d'horticulture de Londres. — L'arbre, de vigueur normale, forme une tête de dimension moyenne, irrégulière et à branches divergentes. Son rapport n'est pas précoce et devient ensuite seulement moyen. Son fruit, de très-beau volume, n'est pas d'une qualité suffisante pour la table et doit être, comme son nom l'indique, employé en pruneau dont la finesse de la chair laisse à désirer.

DESCRIPTION.

Rameaux de moyenne force, obscurément anguleux dans leur contour, à entre-nœuds très-courts, verdâtres du côté de l'ombre, d'un brun rougeâtre un peu voilé d'une pellicule du côté du soleil, à peine duveteux à leur partie supérieure et glabres à leur partie inférieure.

Boutons à bois très-petits, courts, très-finement aigus, à direction parallèle ou presque parallèle au rameau, soutenus sur des supports très-saillants dont les côtés et l'arête médiane se prolongent obscurément; écailles d'un marron très-foncé et terne.

Pousses d'été d'un vert extraordinairement clair, un peu lavées de rouge du côté du soleil et glabres sur toute leur longueur.

Feuilles des pousses d'été grandes, ovales-élargies, s'atténuant promptement pour se terminer brusquement en une pointe bien longue et large, un peu concaves, non arquées et un peu recourbées en dessous seulement par leur pointe, bordées de dents bien profondes, couchées, un peu obtuses ou peu aiguës, assez bien soutenues sur des pétioles de moyenne longueur, de moyenne force, bien dressées et presque glabres ; deux très-petites glandes globuleuses sont ordinairement attachées plutôt à la base du limbe que sur le pétiole.

Stipules de moyenne longueur, lancéolées et une fois lobées à leur base.

Boutons à fruit moyens, conico-ovoïdes, allongés et finement aigus, réunis sur des dards courts et assez peu forts ; écailles d'un marron foncé et terne.

Fleurs grandes ; pétales elliptiques, un peu élargis à leur sommet, peu concaves, écartés entre eux, un peu teintés de jaune par leurs bords ; divisions du calice bien longues, bien larges, souvent réfléchies en dessous et ciliées par leurs bords ; pédicelles longs et grêles.

Feuilles des productions fruitières moyennes, obovales-elliptiques, obtuses ou peu aiguës à leur extrémité, presque planes, bien ondulées dans leur contour, bordées de dents assez profondes, bien recourbées et un peu aiguës, s'abaissant un peu sur des pétioles courts, grêles et peu flexibles.

Caractère saillant de l'arbre : teinte générale du feuillage d'un vert très-clair et jaune ; les plus jeunes feuilles comme glacées à leur page supérieure ; pousses d'été extraordinairement fluettes à leur sommet.

Fruit très-gros, sphérico-ellipsoïde, largement tronqué du côté de la queue, un peu moins largement tronqué et un peu échancré du côté du point pistillaire, peu convexe par ses joues, également convexe par ses faces dont l'une est traversée par un sillon large et peu profond.

Peau épaisse, d'abord d'un vert clair et vif, puis passant à la maturité, fin d'août, au jaune conservant souvent un ton un peu verdâtre, bien doré du côté du soleil, souvent aussi largement taché de pourpre vineux ; une fleur blanche, fine et peu dense couvre sa surface. Point pistillaire jaunâtre, attaché dans une cavité profonde et un peu ouverte du côté du sillon.

Queue longue, forte, attachée dans une cavité en forme d'entonnoir large et profond.

Chair d'un jaune un peu verdâtre, peu fine, consistante, suffisante en jus sucré, acidulé, entaché d'une saveur un peu herbacée.

Noyau proportionné au volume du fruit, ovoïde-élargi, peu tronqué et à peine échancré à son point d'attache à la queue, un peu obtus à son autre extrémité surmontée d'une petite pointe, à joues peu bombées, rocailleuses et ne se détachant pas de la chair ; suture ventrale très-largement et profondément sillonnée, irrégulièrement et peu profondément crénelée par ses bords ; arête dorsale un peu épaisse, un peu saillante, finement tranchante sur presque toute sa longueur ; rainures latérales très-irrégulièrement creusées et souvent peu appréciables.

TABLE ALPHABÉTIQUE

DU

TOME II. — PRUNES

(Les numéros d'ordre des descriptions et des planches sont indiqués à la suite de chaque fruit. Les synonymes sont en caractère italique.)

La **Pomologie générale** formera quinze volumes in-octavo, qui traiteront de toutes les espèces de fruits.

La publication en sera terminée dans l'espace de six ans, à partir du 15 juin 1872.

Les personnes qui désireraient posséder cet ouvrage, sont prévenues qu'il est tiré à un petit nombre d'exemplaires.

LE VERGER

PUBLICATION PÉRIODIQUE

D'ARBORICULTURE ET DE POMOLOGIE

Dirigée par M. MAS

SEPTIÈME ANNÉE

EN VENTE :

A PARIS, LIBRAIRIE G. MASSON

Place de l'École-de-Médecine

La publication LE VERGER sera complète en dix années qui ont commencé le 1er janvier 1865 et finiront fin décembre 1875.

Les sept années aujourd'hui complètes sont vendues chacune 25 francs.

Des termes de paiement peuvent être accordés aux Sociétés ou aux particuliers qui, en s'abonnant à l'année courante, achètent toutes les années antérieures.

Lons-le-Saunier. — Imp. GAUTHIER FRÈRES.

www.ingramcontent.com/pod-product-compliance
Ingram Content Group UK Ltd.
Pitfield, Milton Keynes, MK11 3LW, UK
UKHW020320200726
13857UKWH00001B/236

9 782012 927759